# Biodiversidad

¿Con cuántos seres vivos compartimos la Tierra?

 CSIC

CATARATA

COLECCIÓN**DIVULGACIÓN**

# Biodiversidad

## ¿Con cuántos seres vivos compartimos la Tierra?

Carlos Pedrós-Alió

Madrid, 2024

*Catálogo de publicaciones de la Administración General del Estado:*
*https://cpage.mpr.gob.es*

Fotografía de cubierta: Carlos Pedrós-Alió

© CSIC, 2024
    http://editorial.csic.es
    publ@csic.es
© Los Libros de la Catarata, 2024

© Carlos Pedrós-Alió, 2024

ISBN (CSIC): 978-84-00-11288-2
e-ISBN (CSIC): 978-84-00-11289-9
ISBN (Catarata): 978-84-1067-058-7
NIPO: 155-24-131-4
e-NIPO: 155-24-132-X
THEMA: PDZ
Depósito legal: M-13.728-2024

En esta edición se ha utilizado papel ecológico sometido a un proceso de blanqueado ECF, cuya fibra procede de bosques gestionados de forma sostenible.

# Índice

# Nota preliminar

Este libro relata la aventura humana, en la que han participado muchas personas a lo largo de la historia, para nombrar y clasificar a todos los seres vivos que comparten con nosotros la Tierra. Su propósito es mostrar la fascinación que nos produce la diversidad de la vida y entender cómo y por qué se han formado tantas especies, además de explicar para qué sirve la biodiversidad. Mi esperanza es que permita a las personas leer el paisaje, detectar los detalles de nuestro entorno, ser conscientes de la textura de la naturaleza y, en consecuencia, avivar el deseo de conservarla.

Este libro no es, ni pretende ser, un manual sobre la biodiversidad que busque describir exhaustivamente todas sus características e implicaciones. He optado por el critcrio de no mencionar aquellas determinadas ideas o aspectos que exigirían explicaciones más largas y complicadas. Por ejemplo, no digo nada sobre la selección sexual, la cladística ni otros muchos aspectos. Dentro de la literatura especializada sobre la biodiversidad, se encuentra el libro clásico *Biodiversity*, editado por E. O. Wilson (1988). Un tratamiento convencional pero sistemático de la biodiversidad es el que hacen Gaston y Spicer en *Biodiversity. An Introduction* (2004). Vargas y Zardoya dieron una relación detallada del árbol de la vida en su volumen homónimo *El árbol de la vida: sistemática y evolución de los seres vivos* (2012). Aunque la taxonomía de muchos de los grupos, particularmente de los microbianos, ha cambiado desde su publicación y sigue cambiando, el libro proporciona una visión muy completa de la diversidad de la vida y de los problemas para analizarla.

Tampoco me he extendido en los aspectos aplicados que se derivan de la pérdida de biodiversidad. A este respecto, puede consultarse el *Informe de la evaluación mundial sobre la diversidad biológica y los servicios de los ecosistemas* (IPBES) y el libro de Valladares *et al. La salud planetaria* (2020). Un magnífico repaso de los aspectos ecológicos puede encontrarse en el volumen de Ignasi Bartomeus, *Cómo se meten ocho millones de especies en un planeta* (2023).

# Agradecimientos

OCTAVIO Arango, Ignacio Fita y Ferran Rodà leyeron el libro completo. Octavio, además, me permitió acompañarle en una expedición a La Palma que me aclaró muchas cosas relevantes. José Pardo Tomás y Cristina Enríquez de Salamanca repasaron varios capítulos. Heather Lerner trabajó arduo para proporcionarme una figura satisfactoria de la radiación de los pinzones de Hawái. Mercedes París repasó el capítulo 6 y me ayudó a entender cómo funciona la colección entomológica del Museo Nacional de Ciencias Naturales. Todos hicieron sugerencias útiles y corrigieron algunos errores, pero seguro que aún quedan varios errores míos. Las personas que cedieron gráficos o fotografías aparecen en los pies de figura. Las imágenes que no llevan fuente son de mi autoría.

# 1. ¿Por qué hay tantas ranitas en Costa Rica?

Es de noche. Estoy solo en la selva nubosa de Costa Rica, en una reserva llamada el Bosque Eterno de los Niños (figura 1.1). A esta reserva no se puede llegar en coche. Hay que dejarlo en la divisoria de las aguas entre las vertientes atlántica y pacífica de la cordillera de Tilarán. Y luego hay que caminar más de una hora por senderos inclinados entre una selva densa. Pero ahora estoy con los pies metidos en una pequeña corriente de agua, bajo el dosel apretado de los árboles bañado por la niebla. Aunque en realidad no estoy completamente solo. Mauricio, mi guía, está correteando unas docenas de metros corriente arriba. Veo la luz de su linterna oscilar de un lado al otro, iluminando tan pronto las copas de los árboles como las ramas que apenas sobrepasan el arroyo. Está buscando ranitas para enseñármelas. De pronto la luz se detiene. Mauricio parece coger algo muy pequeño y viene rápidamente hacia mí. Abre la mano y cuidadosamente deposita una ranita sobre una hoja. Se trata de un ejemplar de *Duellmanohyla rufioculis*. Es diminuta, aparentemente frágil, endeble, con unos ojos saltones que, expuestos a la luz, se van volviendo colorados (figura 1.2.A). Esta especie vive solamente en Costa Rica y Panamá. Mauricio me dice que los machos cantan con una sola nota acampanada repetida muchas veces, siempre cerca de las corrientes de agua. Parece ser que los cantos aumentan mucho cuando llueve. La lluvia no ha cesado durante los dos últimos días, toda mi ropa está empapada. Pero ahora el tiempo se ha calmado y las voces de distintos anfibios se van oyendo a través de la oscuridad. Al cabo de unos minutos, Mauricio localiza una *Craugastor crassidigitus*, una pequeña

Figura 1.1. La selva nubosa del Bosque Eterno de los Niños en Costa Rica.

rana de lluvia reconocible por algunos puntos minúsculos en los hombros y espalda de color por lo general marrón (figura 1.2.B). El género *Craugastor* tiene unas 110 especies, pero la taxonomía todavía no está completamente resuelta. La especie que vemos vive únicamente en bosques húmedos bajos y de media altura de Costa Rica y Panamá y una pequeña zona en Colombia. Uno de los sonidos que oímos es un martilleo, un "tink, tink, tink". Lo produce la *Diasporus diastema*, pero Mauricio no consigue encontrar ningún ejemplar. Estas ranas viven en árboles y colocan sus huevos en tanques de bromelias, donde el huevo se desarrolla directamente hasta adulto, sin la etapa de renacuajo de vida libre (figura 1.2.C). Esta especie es un endemismo centroamericano, desde Honduras hasta Panamá, y vive en bosques muy húmedos desde el nivel del mar hasta los 1600 m. Mauricio sigue buscando y algo más tarde encuentra una *Centrolene prosoblepon*, una pequeña rana esmeralda de vidrio (figura 1.2.D), que carece de pigmentos y tiene un cuerpo traslúcido. Esto significa que adoptan el color del lugar donde se encuentran y, por lo tanto, son difíciles de localizar. Los centrolénidos son una familia de ranas arborícolas de cristal nativas de América Central y del Sur.

Estamos solos en medio del bosque nuboso, escuchando los sonidos de la fauna nocturna y el rumor del arroyo sobre el que estamos. A pesar de que llevo un par de días soportando una humedad inmisericorde, hasta el punto de que parece que estuviera en un baño turco, me siento privilegiado. Pero entonces me pregunto ¿por qué hay tantas ranitas distintas en este bosque? (figura 1.2). A pesar de que en Costa Rica hay 180 especies de anfibios, todas parecen estar disminuyendo en abundancia. Infecciones de hongos, calentamiento global, quién sabe. Es probable que dentro de dos generaciones los nietos de Mauricio no puedan mostrar ninguna *Duellmanohyla* a los turistas del futuro.

Pero volvamos a la pregunta: ¿por qué hay 180 especies de anfibios en Costa Rica y más de 8600 especies de anfibios en el mundo (Leenders, 2001)? ¿Por qué no hay una sola especie? El papel ecológico de un anfibio es muy simple: comer insectos y ser comido por sus depredadores. La pregunta es todavía más intrigante en el caso de las plantas. Tenemos cerca de 350 000 especies de plantas terrestres en el mundo —según Kew Gardens (2020)— y un número desconocido de microorganismos fototróficos que hacen la misma función en los océanos (figura 1.3). Todas hacen exactamente la misma función: la fotosíntesis. Toman el $CO_2$ del aire y con la energía que proporciona la radiación solar lo convierten en materia orgánica. Aunque algunas estén adaptadas a las latitudes más frías y otras a las más cálidas, ¿son precisas 350 000 especies para realizar esta función?

Figura 1.2. Ranas
de Costa Rica.
A. Rana de río de ojos rufos,
*Duellmanohyla rufioculis,*
Hylidae.
Fotografía: Connor Long.
B. Rana de lluvia de dedos
finos, *Craugastor
crassidigitus,* Craugastoridae.
Fotografía: Steven G. Johnson.
C. Rana "tink" común,
*Diasporus diastema,*
Eleutherodactylidae.
Fotografía: Brian Gratwicke.
D. Rana de cristal esmeralda,
*Centrolene prosoblepon,*
Centrolenidae.
Fotografía: Mauricio Rivera Correa.
E. Rana de árbol
de ojos rojos, *Agalychnis
callidryas,* Hylidae.
Fotografía: PxHere.
F. Rana venenosa de dardo
o de tejanos, *Oophaga
pumilio,* Dendrobatidae.
Fotografía: Wikipedia.

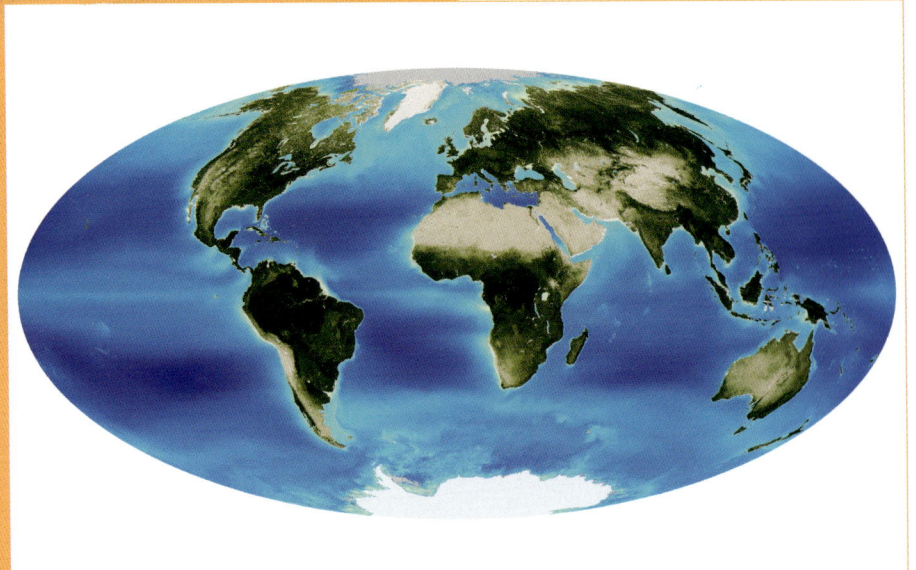

Figura 1.3. Abundancia de los productores primarios en el planeta.
Arriba: En los océanos, los colores del azul profundo al amarillo muestran la concentración de clorofila a (mg m-3) (Observatorio de la Tierra de la NASA, https://lc.cx/wco8ow). En los continentes, los colores del beige al verde muestran la densidad de la vegetación según el índice de vegetación de diferencia normalizada (NDVI).
Fuente: NASA Earth Observatory.
Abajo: Número de especies de plantas vasculares en tierra, desde < 100 especies por 10 000 km$^2$ (blanco) a > 5000 (rojo). El número de especies de productores primarios en los océanos es totalmente desconocido.
Fuente: Cortesía de Jens Mutke y Wilhelm Barthlott (University of Bonn).

En el Serengueti podría haber una especie de planta, una de herbívoro y otra de carnívoro. Pero hay más de un centenar de plantas, una veintena de grandes herbívoros, cuatro carnívoros pequeños y cinco grandes relacionados por quien se come a quien (figura 1.4). Además, no se está teniendo en cuenta a los mamíferos pequeños como los roedores o los murciélagos, que son los más abundantes y diversos, ni tampoco las aves ni los reptiles (salvo uno) ni la enorme cantidad de invertebrados herbívoros, carnívoros y carroñeros.

En la figura 1.5 se muestran una serie de ejemplares de mi colección de piñas. Igual que ocurría con las plantas, todas tienen la misma función: primero desarrollar las semillas y protegerlas, y liberarlas posteriormente en el momento adecuado. ¿No podrían ser todas iguales? El ecólogo Ramón Margalef (1919-2004)

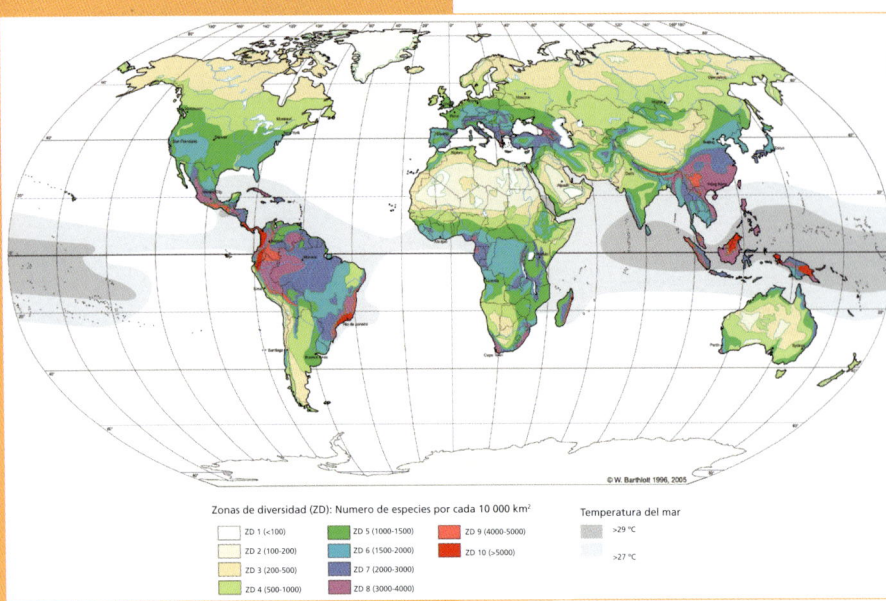

Zonas de diversidad (ZD): Número de especies por cada 10 000 km$^2$

ZD 1 (<100)
ZD 2 (100-200)
ZD 3 (200-500)
ZD 4 (500-1000)
ZD 5 (1000-1500)
ZD 6 (1500-2000)
ZD 7 (2000-3000)
ZD 8 (3000-4000)
ZD 9 (4000-5000)
ZD 10 (>5000)

Temperatura del mar
>29 °C
>27 °C

© W. Barthlott 1996, 2005

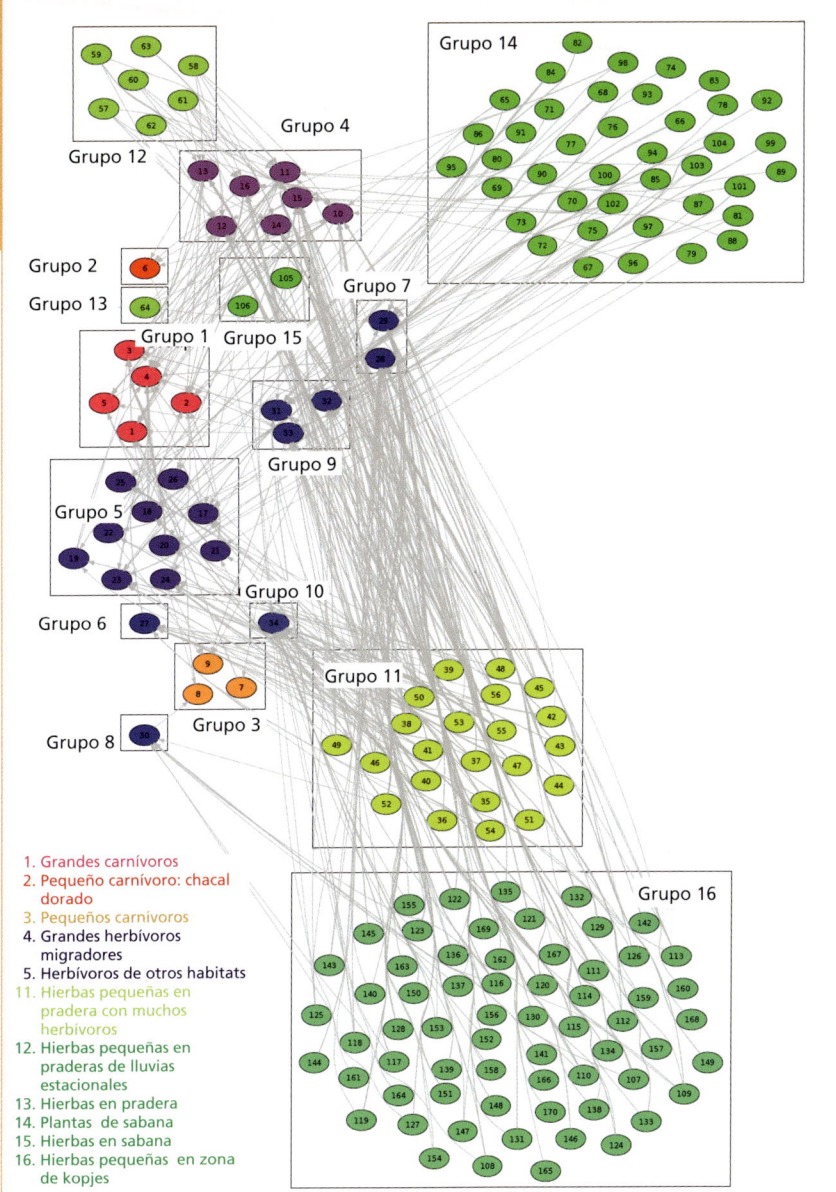

Figura 1.4. La red trófica en el Serengueti: plantas (136 especies en verde), herbívoros (22 especies en azul y violeta), carnívoros (9 especies en rojo y calabaza). Entre los animales se consideran únicamente los mamíferos grandes. Por ejemplo, no hay roedores y tampoco se consideran aves o invertebrados.
Fuente: Baskerville *et al.* (2011).

Grupo 14
Grupo 4
Grupo 12
Grupo 2
Grupo 13
Grupo 1
Grupo 15
Grupo 7
Grupo 9
Grupo 5
Grupo 10
Grupo 6
Grupo 11
Grupo 3
Grupo 8
Grupo 16

1. Grandes carnívoros
2. Pequeño carnívoro: chacal dorado
3. Pequeños carnívoros
4. Grandes herbívoros migradores
5. Herbívoros de otros habitats
11. Hierbas pequeñas en pradera con muchos herbívoros
12. Hierbas pequeñas en praderas de lluvias estacionales
13. Hierbas en pradera
14. Plantas de sabana
15. Hierbas en sabana
16. Hierbas pequeñas en zona de kopjes

definió esta situación como un gusto de la naturaleza por el barroco, con muchos más adornos de los que serían imprescindibles. En su libro *Limnología* (la ciencia dedicada al estudio de los sistemas acuáticos continentales) comparó las formas de las dafnias (*Daphnia* spp.), un tipo de crustáceos también conocidas como pulgas de agua, con los cascos de los bomberos en distintos lugares (figura 1.6). En el caso de los cascos de bombero estas variaciones eran irrelevantes para la función que debían cumplir, pero ahí estaban. Las dafnias tienen esas prolongaciones de la cabeza de formas y tamaños muy variables.

¿Es igual de gratuita la variedad de dafnias, de piñas y de ranas? O bien la naturaleza tiene un gusto por el barroco, por la complicación, por multiplicar las variantes sobre un mismo tema, por replicar con pequeñas diferencias todas las cosas, o bien esas diferencias quieren decir algo. Y ese algo es lo que ha generado la biodiversidad. Y aquí viene otra observación que otro ecólogo famoso, Robert M. May (1936-2020),

Figura 1.5. Conos, estróbilos o piñas de coníferas. Las dos primeras filas corresponden a pináceas: *Pinus sylvestris, Pinus uncinata, Pseudotsuga menziesii, Picea sitchensis, Picea abies, Cedrus atlántica, Tsuga mertesiana, Tsuga heterophylla, Larix decidua*. Las dos filas inferiores corresponden a cupresáceas: *Sequoiadendron giganteum, Sequoia sempervirens, Metasequoia glyptostroboides, Cryptomeria japónica, Cunninghamia lanceolata, Cupressus sempervirens, Taxodium distichum, Calocedrus decurrens, Callitropsis nootkatensis, Platycladus orientalis, Tetraclinis articulata*.

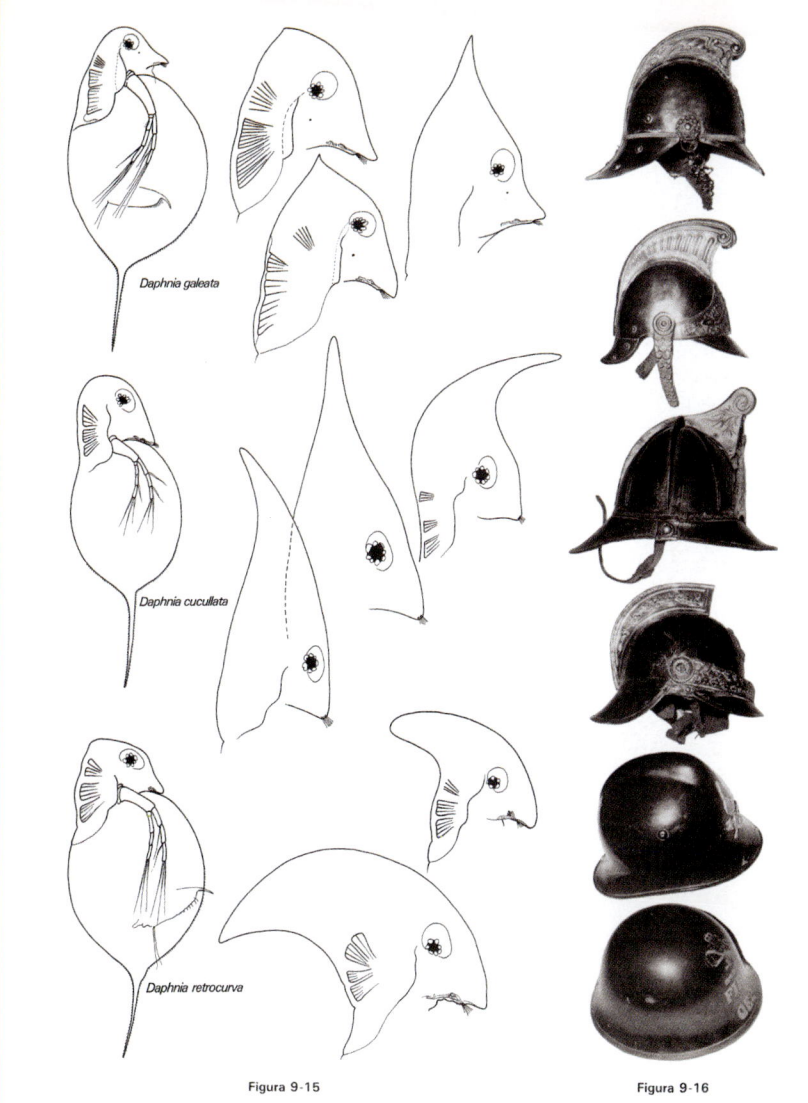

Figura 1.6. Variabilidad en los cascos de bomberos y en las cabezas de las dafnias.
Fuente: Margalef (1983).
Fotografías de los cascos: Jordi Camp,
cortesía de la Editorial Omega.

*Daphnia galeata*

*Daphnia cucullata*

*Daphnia retrocurva*

Figura 9-15

Figura 9-16

hizo en un congreso de ecología microbiana en Barcelona en 1992: "Tenemos un catálogo de todos los cuerpos celestes que nuestros instrumentos pueden detectar, pero no sabemos con cuántos seres vivos compartimos la Tierra" (figura 1.7). Sabemos que son muchos, pero no sabemos cuántos. El propósito de este libro es tratar de entender por qué hay tantos y por qué no los conocemos todos. Y también contestar a la pregunta (aparentemente impertinente) ¿para qué sirve la biodiversidad?

Figura 1.7. Izquierda: Objetos celestes vistos por el telescopio óptico Hubble.
Fotografía: Hubble Telescope.
Derecha: Microorganismos vistos a través del microscopio óptico.
Fotografía: Dominique Marie, Station Biologique de Roscoff, CNRS.

# 2. La necesidad de clasificar

> Entonces el Señor Dios formó de la tierra a todos los animales del campo
> y a todas las aves del cielo. Los llevó al hombre para ver cómo los iba a llamar y con ese nombre
> se quedó cada ser viviente
> Génesis 2:19

> El hombre les dio nombre a todos los animales domésticos, a todas
> las aves del cielo y a todos los animales silvestres; pero ninguno de ellos resultó capaz de formar
> pareja con él para ayudarlo
> Génesis 2: 20

EN el Museo-Tesoro de la catedral de Girona se conserva una pieza extraordinaria: *El tapiz de la creación* (figura 2.1). En realidad, es un bordado realizado a finales del siglo XI o principios del XII que resume la concepción del momento sobre el universo y el papel de los seres humanos en él. En el círculo central, aparece la imagen de Dios creador de todo y a su alrededor los días de la creación. En uno de sus paneles, Adán está dando nombres a todos los seres vivos mientras comprueba que no puede formar pareja con ninguno de ellos (figura 2.2). Por eso Dios entonces le duerme y de su costado crea a la mujer. Desde el punto de vista histórico-religioso, lo importante de los versículos del Génesis es el hecho de que el hombre y la mujer se puedan emparejar: la reproducción de la especie, el "creced y multiplicaos". Pero lo que nos interesa aquí es la importancia de poder nombrar a todos

Figura 2.1. El tapiz de la creación, Museo-Tesoro, Catedral de Girona.
Fotografía: Kippelboy.

Figura 2.2. El tapiz de la creación, detalle, Adán dando nombre a los animales. Museo-Tesoro, catedral de Girona. La inscripción dice *Adam non inveniebatur similen sibi* (Adán no encontraba a su similar).
Fotografía: Kippelboy.

los seres vivos. Porque hasta que no le damos un nombre a las cosas es como si no existieran. Por ejemplo, mientras caminaba con Mauricio por el Bosque Eterno de los Niños, yo veía árboles. Sabía que en un bosque tropical hay muchas especies de árboles (solamente en Costa Rica hay unas 2300 especies). Pero como no las sé diferenciar, para mí todo eran simplemente árboles, una masa verde indiferenciada. En cambio, en un bosque mixto cántabro, por ejemplo, puedo distinguir tilos, majuelos, robles o hayas. Incluso puedo identificar las dos especies de robles de la zona: el carvallo y el albar. De este modo, me puedo fijar en si unos crecen a mayor altitud que los otros, o más cerca del río, o si son más o menos abundantes. Nombrar bien a los seres vivos permite leer el entorno y aprender sobre cómo funciona. Si un ser vivo no ha sido nombrado y descrito, resulta invisible para nosotros. Esto tiene dos consecuencias principales: que no seremos capaces de averiguar si tiene alguna cualidad aprovechable y que no sabremos si necesita protección para no extinguirse. Por eso, una correcta nomenclatura, como veremos a continuación, es absolutamente esencial.

El tapiz ilustra la necesidad que tenemos los seres humanos de dar nombres a los seres vivos con los que compartimos el planeta. Es interesante que los nombres no se los da Dios, sino Adán. Porque, efectivamente, la necesidad de nombrar y clasificar es típicamente humana. Y los seres vivos no podían quedar excluidos de esta necesidad.

La disciplina que se encarga de este menester en biología es la *nomenclatura* (recuadro A), que proporciona un nombre único y conciso para cada ser vivo. Un nombre que se use universalmente, de modo que no haya confusiones posibles. Desde la Antigüedad, cada comunidad tenía nombres para los animales y plantas de su entorno, particularmente para los que resultaban útiles o peligrosos. El inconveniente de este sistema es que la misma especie puede tener distintos nombres en diferentes lugares. Y, al revés, la misma denominación puede servir para especies diferentes. Por ejemplo, el pez que en Cataluña recibe el nombre de *cap-roig de fonera*, *escórpora allargada* o gallineta rosada se conoce en diferentes puertos de Andalucía como gallineta, cabracho, cabra o rascacio (figura 2.3).

De ahí la necesidad de convenir un nombre universalmente aceptado, que no varíe de un lugar a otro. Esto es lo que hace la nomenclatura biológica: dar un nombre unívoco a cada especie. En el caso del pez que hemos puesto como ejemplo este nombre científico es *Scorpaena elongata*.

Naturalmente, para que todos los biólogos del mundo se pongan de acuerdo tiene que haber unas reglas y unos criterios que se revisan y aprueban en congresos internacionales y que se publican en códigos para que todo el mundo los utilice de la misma manera. El más reciente código para los animales es el Código Internacional de Nomenclatura Zoológica que data de

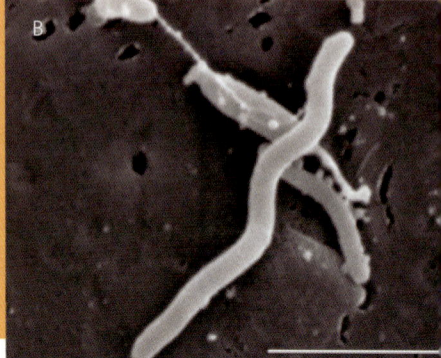

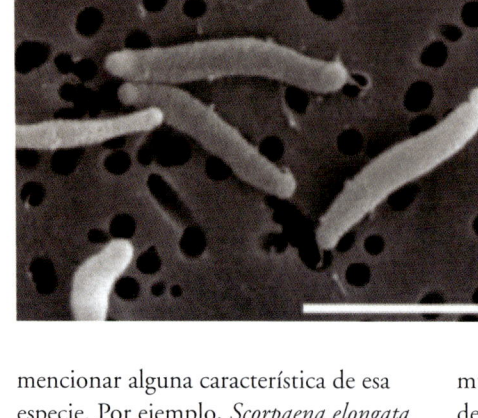

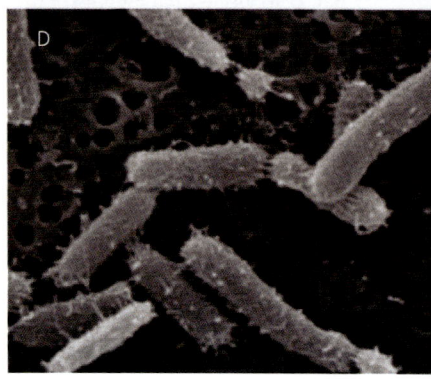

Figura 2.4. Cuatro bacterias identificadas por nuestro grupo. Las dos primeras pertenecen al filo Proteobacterias y las dos segundas a Bacteroidota. Es como si comparáramos un vertebrado a un insecto. A. *Mesonia oceanica* (los circulitos negros son los poros del filtro y miden 0,2 µm). B. *Bermanella marisrubri* (línea blanca 5 µm). C. *Reinekea blandensis* (línea 2 µm). D. *Leeuwenhoekiella blandensis* (línea 2 µm). Jarone Pinhassi aisló la *Bermanella* en el mar Rojo y las *Reinekea* y *Leeuwenhoekiella* en la bahía de Blanes. Isabel Sanz y Silvia Acinas aislaron la *Mesonia* del Atlántico y el Pacífico.

1999[1], y para las plantas es el Código Internacional de Nomenclatura para algas, hongos y plantas aprobado en Shenzhen (China) en 2017. En el caso de los microorganismos existe el Código Internacional de Nomenclatura de Procariotas (2008). Y también hay un código de nomenclatura para los virus.

Carl von Linné (Lineo en adelante, 1717-1778) fue el iniciador de la nomenclatura moderna al utilizar un nombre binomial (esto es, de dos palabras) para todas las especies. La primera parte (*Scorpaena*) es el nombre del género y la segunda (*elongata*) el de la especie[2]. Para una buena nomenclatura, los nombres de las especies tienen que ser unívocos, es decir no puede haber dos especies con el mismo nombre y, a ser posible, deberían

mencionar alguna característica de esa especie. Por ejemplo, *Scorpaena elongata* tiene un cuerpo algo más alargado que otras especies del mismo género. Aunque, con buen criterio, los biólogos siguen la regla de no poner su propio nombre a una especie, muchas especies llevan el nombre de algún biólogo precedente al que se quiera honrar. En particular, Jarone Pinhassi (Universidad Linnaeus, Kalmar, Suecia) y yo describimos una bacteria aislada del mar Rojo con el nombre de *Bermanella marisrubri*. Elegimos *Bermanella* en honor al limnólogo Tom Berman (1934-2013), al que los dos teníamos

mucho aprecio, y *marisrubri* por el lugar de donde había sido aislada (Pinhassi *et al.*, 2008) (figura 2.4.B).

Hay otra historia que ilustra algunos aspectos menos positivos de nuestra humanidad. En Corea hay un grupo de investigación que aísla y describe muchas especies de bacterias. Un gran número de ellas están aisladas del agua de mar cerca de unos islotes que en Corea llaman Dokdon, en Japón Takeshima y en Europa las rocas de Liancourt. Estas rocas fueron descubiertas para los occidentales por un ballenero llamado Le Liancourt quien, sin el menor rubor, les puso su nombre. Naturalmente,

---

1. Para más información, véase el apartado "Nomenclatura y taxonomía", en "Fuentes electrónicas" al final del libro.

2. Además, el nombre oficial añade la persona que definió la especie. En "Relación de especies mencionadas", al final del libro, se dan los nombres completos de animales, plantas y microorganismos mencionados, cada uno con diferentes convenciones.

coreanos y japonense tenían otras ideas. El caso es que los islotes están a medio camino entre Corea y Japón, y ambos países los reclaman. Actualmente, están ocupados por Corea con dos habitantes civiles y algunos militares. Pues bien, el grupo de microbiólogos coreanos no pierde oportunidad para nombrar bacterias aisladas en ese lugar con los nombres coreanos. Por ejemplo, hay dos géneros llamados *Dokdonia* y *Dokdonella*, además de una especie llamada *Polaribacter dokdonensis*. El microbiólogo Milton S. da Costa (1948-2020) aisló otro miembro del género *Dokdonella* en suelos de Portugal, cercanos a su universidad de Coimbra. Y para poner en evidencia esa jactancia nacionalista del grupo coreano, la llamó *Dokdonella fugitiva*, porque había huido de las aguas coreanas para ser aislada en los suelos de Portugal (Cunha *et al.*, 2006). Una historia poco edificante con un final irónico. Aun así, hay que reconocer que la inmensa mayoría de los nombres de especies hacen honor a biólogos reconocidos o a características biológicas relevantes.

Además de tener un nombre unívoco para cada especie, queremos compararlas entre sí y ordenarlas en una *clasificación* (recuadro A). Hay muchas formas de hacer clasificaciones. Jorge Luis Borges (1899-1986) imaginó un *Emporio celestial de conocimientos benévolos*, que atribuyó a un tal Tai Ping Kuang (*El idioma analítico de John Wilkins*,

en *Otras Inquisiciones*). En esta enciclopedia benévola, los animales se clasificaban en las siguientes categorías:

- Los que pertenecen al Emperador.
- Los embalsamados.
- Los adiestrados.
- Los lechones.
- Las sirenas.
- Los perros abandonados.
- Los fabulosos.
- Los incluidos en esta clasificación.
- Los que se agitan como locos.
- Los innumerables.
- Los dibujados con un pincel finísimo de pelo de camello.
- Etcétera.
- Los que acaban de romper el jarrón.
- Los que de lejos parecen moscas.

Es evidente que este emporio celestial no cumple ninguno de los requisitos de una buena clasificación. Por un lado, las distintas categorías no son mutuamente excluyentes. Un mismo animal podría "pertenecer al emperador" y "agitarse como loco", por ejemplo. Pero en una buena clasificación cada animal solo encaja en una categoría. Por otro, hay una categoría denominada "los incluidos en esta clasificación" que incluye a todas las demás categorías, lo cual es absurdo. Por último, tiene un apartado llamado "etcétera" que parece ser un cajón de sastre donde colocar todo lo que no encaje en alguno de los otros apartados. Obviamente, este

emporio celestial nos alerta de todos los peligros que debemos evitar al hacer una clasificación. En el caso de una librería sería igual de confuso si los libros estuvieran clasificados por tamaños, por ejemplo, o por el color del lomo; el caos sería considerable.

Aunque desde muy antiguo los naturalistas siempre intentaron obtener una clasificación satisfactoria de los seres vivos, es a partir del siglo XVIII, contando con más y mejores conocimientos, cuando se esforzaron por perfeccionarla. Hubo muchas diferentes, pero nosotros nos vamos a fijar en dos sistemas distintos que, a lo largo de los siglos, se han seguido utilizando alternativamente. El primero que veremos fue propuesto por Michel Adanson (1727-1806) (figura 2.5). Como todos los naturalistas, Adanson decidió dedicarse a la historia natural siguiendo la inspiración de dos grandes científicos: René Reaumur (1683-1757) y Bernard de Jussieu (1699-1777). A través de ellos, Adanson tuvo acceso durante sus años de formación a los jardines botánicos reales, y también, como les ocurrió a muchos naturalistas, su vocación cuajó durante un gran viaje. En su caso, un viaje de cinco años a Senegal. En su travesía, Adanson fue otro más de los naturalistas que quedó admirado por las Canarias. Consideró que el Teide debía de ser "una de las montañas más altas del universo" y comenzó a herborizar algunas de las

Figura 2.5. Izquierda: Grabado de Michel Adanson (1727-1806).
Fuente: Pizzetta (1983).
Derecha: Portada de su obra principal, *Familles des plantes* (1793).

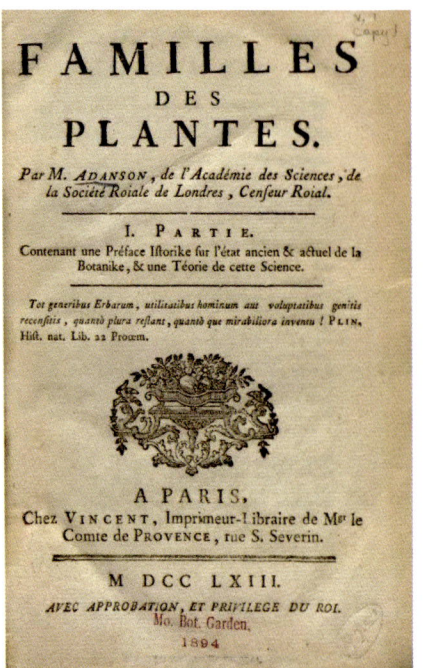

clasificación, había que considerar todos los caracteres posibles. Todos podían ser relevantes y el naturalista no podía elegir uno o dos de forma arbitraria, porque esto podía ignorar caracteres verdaderamente importantes. En este punto se oponía frontalmente a Lineo, como veremos más adelante. La estrategia de Adanson consistía en examinar las plantas de una familia y hacer una lista de todos los caracteres posibles (llegó a contabilizar más de 60). Una vez confeccionadas estas listas, y mediante la comparación de unas con otras, aparecerían las relaciones naturales entre las distintas familias. Adanson desarrolló sus ideas en *Familles des plantes*, un libro de gran influencia publicado en 1763 (figura 2.5).

Manejar 60 caracteres comparando decenas de familias de plantas era una tarea adecuada para un ordenador, pero no para un ser humano. Así que su método no logró imponerse al de Lineo. Sin embargo, desde 1950, su aproximación de considerar todos los caracteres posibles volvió a adquirir relevancia a través de la cladística y de la biología molecular y gracias a los ordenadores. En el capítulo 9 volveremos sobre esta aproximación.

El sistema de Lineo partía de una concepción totalmente opuesta. Lineo también hizo un viaje que podríamos considerar iniciático. En su caso, cabalgó

plantas cercanas a Santa Cruz de Tenerife. Adanson lamentó no tener más tiempo para disfrutar de esta isla con un "clima tan dulce" y una flora tan interesante, pero la escala de su buque fue breve y la época del año era todavía temprana para que muchas de las plantas estuvieran en flor.

Durante este viaje recogió una gran cantidad de ejemplares de plantas y animales, tomó datos astronómicos y geofísicos, pero, sobre todo, desarrolló sus ideas sobre cómo había que clasificar a los seres vivos. Su tesis fundamental era que, a la hora de establecer una

unos 2000 km por Laponia entre mayo y octubre de 1732. Igual que Adanson, Lineo recogió considerables muestras de plantas, animales y minerales, además de interesarse por la cultura sami, los pastores de renos del norte. Uno de sus retratos más famosos lo muestra vestido con el traje tradicional sami y con una planta en la mano derecha, que Jan Frederik Gronovius nombró en su honor como *Linnaea borealis* (figura 2.6). Pero luego Lineo ya no hizo más viajes como naturalista. Fueron sus discípulos los que viajaron por todo el mundo recogiendo plantas y mandándoselas para que las clasificara. En la estación de metro Universitet de Estocolmo hay un mural de azulejos que muestra los viajes de sus discípulos por todo el mundo. Muchos de ellos murieron a miles de kilómetros de Suecia de distintas enfermedades. Pero su tesón y esfuerzos demostraban hasta qué punto el método de Lineo les parecía convincente, digno de hacer sacrificios para implementarlo porque, por primera vez, les ofrecía la posibilidad de clasificar a todos los seres vivos de forma ordenada y la multitud de nuevas especies procedentes de Asia, de África y de las Américas que los viajes de exploración del Renacimiento trajeron a Europa. Por ejemplo, las reales expediciones de la Corona española, como la liderada por Hipólito Ruiz y José Pavón para

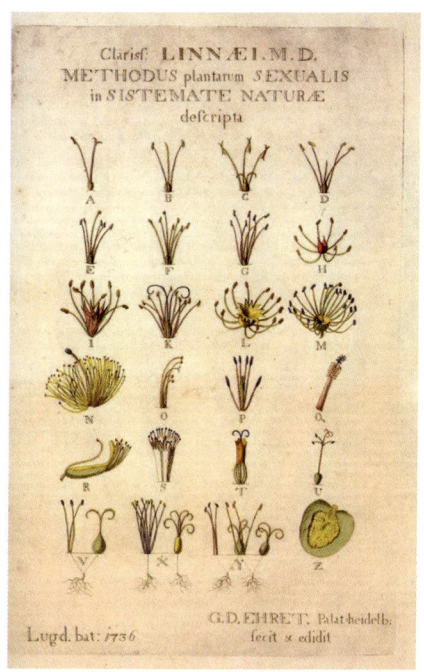

explorar la flora de Chile y Perú, la de Nueva Granada dirigida por José Celestino Mutis y la de México por Francisco Hernández, que proporcionaron una cantidad ingente de nuevas especies, incluyendo sus posibles aplicaciones.

Lineo consideraba que algunos caracteres eran más importantes que otros. Por ejemplo, el color de las hojas de casi todas las plantas es de alguna tonalidad de verde, lo que lo invalida como criterio clasificatorio al no permitir la identificación y diferenciación entre unas y otras. En cambio, el aparato reproductor es

Figura 2.6. Derecha: Retrato de Carl von Linné, realizado por Martin Hoffman, donde muestra en la mano la planta que Jan Frederik Gronovius le dedicó, *Linnaea borealis*. Izquierda: Dibujo de Georg D. Ehret para *Systema Plantarum* que muestra las clases de plantas según su número de estambres y estigmas. Fuente: Wikimedia Commons.

Figura 2.7. Dos especies de bejeques fácilmente diferenciables por el indumento. Izquierda: *Aeonium canariense* totalmente pubescente. Derecha: *Aeonium cuneatum* completamente glabro. Ambas especies crecen juntas en Tenerife.
Fotografía: Octavio Arango.

fundamental, porque es el que determina si dos individuos se pueden cruzar o no. De este modo, Lineo utilizó las características de las flores para clasificar las plantas. Particularmente, el número de estambres y estigmas eran dos caracteres esenciales para él. Es evidente que clasificar las decenas de familias de plantas fijándose en unos pocos caracteres era mucho más asequible que la aproximación de Adanson y, por lo tanto, el método de Lineo se acabó imponiendo. Sin embargo, los caracteres que este eligió resultaron no ser los más adecuados.

En este sentido, Adanson tenía razón: al elegir unos pocos caracteres de forma arbitraria se corría el riesgo de confundir las relaciones verdaderas entre las plantas. Las dos grandes obras de Lineo fueron *Systema naturae* (1735) y *Species plantarum* (1753), de las que se publicaron varias ediciones corregidas y ampliadas, y que pueden considerarse el punto de partida de la taxonomía moderna.

Para ser justos con la historia, hay que resaltar que ni Adanson ni Lineo se inventaron sus aproximaciones de la nada. Ambos se basaron en trabajos

de botánicos anteriores, pero ellos los sistematizaron de una forma particularmente efectiva. El sistema binomial de Lineo se inspiró en los trabajos de los hermanos Caspar (*ca*. 1560-1624) y Johann Bauhin (1541-1613), a los que Lineo dedicó el género *Bahuinia*, que incluye árboles tropicales de la familia de los guisantes. De manera similar, Adanson aprovechó ideas de Bernard de Jussieu, al que ya hemos hecho referencia. De hecho, Antoine Laurent de Jussieu (1748-1836), sobrino de Bernard, lo acusó de plagiar a su tío. Y muchas de las ideas de estos naturalistas se pueden trazar incluso hasta Aristóteles (384 a. C.-322 a. C.).

En paralelo a estos avances en el conocimiento de los seres vivos, varios científicos desarrollaron un método relativamente sencillo para identificarlos. Si voy caminando por la península de Anaga, en Tenerife, y me encuentro un bejeque, una planta crasa endémica de Canarias, me gustaría identificarlo, saber a qué especie pertenece. En principio, para esto tendría que compararlo con las descripciones de todas las especies parecidas de las que, solamente en las Canarias, hay 38. Con el desarrollo de las claves dicotómicas la identificación es relativamente sencilla. La autoría de las claves se ha atribuído a Jean Baptiste Lamark (1748-1836), *Flore Française* (1778), o a John Ray (1627-1705), *Historia Plantarum* (1686), pero muchos estudiosos de los siglos XVII y XVIII contribuyeron a perfeccionarlas. En estas claves se plantea una pregunta sobre algún carácter determinado. Si el carácter está presente en nuestro ejemplar, vamos en una dirección, si no, en otra. Por ejemplo, la clasificación de bejeques canarios puede plantear la siguiente disyuntiva:

- Hojas pubescentes (vellosas) por ambas caras.
- Hojas glabras (sin vello).

Es muy fácil examinar la planta que tenemos delante y decidir si es o no vellosa (figura 2.7). Y así podemos seguir con la clave hasta llegar a identificar nuestra planta. En el primer caso vamos a llegar a las variantes del *Aeonium canariense* y en el segundo, a otras especies. Este sistema es tan práctico que se ha impuesto. Pero, como decíamos, la elección de qué caracteres son los más relevantes es subjetiva y existe el riesgo de elegir los erróneos. En el capítulo 9 veremos un ejemplo excelente.

Una vez que tenemos nombradas y clasificadas a todas las especies, también queremos que nuestra clasificación sea razonable, de forma que las que más se parezcan entre sí estén en el mismo género, y los géneros que se parezcan entre sí, en la misma familia, y luego en un orden y una clase. No queremos otra enciclopedia de conocimientos benévolos. Queremos tener una clasificación ordenada y jerarquizada, es decir, queremos una *taxonomía* (recuadro A). Los químicos ordenan los elementos en la tabla periódica. Los biólogos también querríamos tener nuestra tabla periódica de las especies. De momento, tenemos una nomenclatura y una clasificación taxonómica. Como ejemplo se suele poner el león (figura 2.8). Su nombre científico es

*Panthera leo*. Como hemos visto, *leo* es el nombre específico y *Panthera* es el nombre del género. En este mismo género hay otras especies parecidas al león como el tigre (*Panthera tigris*), el jaguar (*Panthera onca*) (figura 2.9) o el leopardo (*Panthera pardus*). Es fácil ponerse de acuerdo en que estas especies son suficientemente parecidas como para formar parte del mismo género. Pero entonces nos damos cuenta de que estos animales también se parecen a los gatos (figura 2.11), linces (figura 2.10), ocelotes (figura 2.12), y otros. Así que los juntamos en una familia a la que denominamos Felidae, los felinos. Los felinos son claramente distintos de los perros, lobos y zorros que, a su vez, se parecen entre sí. De modo que colocamos a estos últimos en otra familia: Canidae. Pero felinos y cánidos comparten muchos rasgos, entre otros el ser depredadores. Así que los podemos agrupar en un orden Carnivora, junto a los osos, comadrejas y focas. Todos estos carnívoros comparten el hecho de dar de mamar a sus crías, por lo tanto, los juntaremos en la clase Mammalia, con roedores, murciélagos, canguros y otros muchos animales que comparten ese rasgo a pesar de tener aspectos y modos de vida muy diferentes. El resultado de este esfuerzo de nomenclatura y clasificación es una

Figura 2.9. Clasificación taxonómica. El león comparte género con el jaguar; familia, con el lince, el gato y el ocelote; orden, con los zorros y elefantes marinos y clase, con el resto de mamíferos, incluidos los roedores, artiodáctilos, primates y marsupiales. León en el Zoo de Madrid.

Figura 2.10. Jaguar en el Pantanal (Brasil).

**Figura 2.10. Lince.**
Fotografía: Programa de Conservación Ex-Situ del Lince Ibérico.

Figura 2.11. Gato.

Figura 2.12. Ocelote en Cataratas de la Paz (Costa Rica).

Figura 2.13. Zorro gris en Península Valdés (Argentina).

Figura 2.14. Zorro ártico en la bahía de Franklin (Ártico canadiense).

Figura 2.15. Elefantes marinos en
Península Valdés (Argentina).

Figura 2.16. Agutí en el Bosque de Paz (Costa Rica).

Figura 2.17. Impala en el Parque Nacional Kruger (África del Sur).

taxonomía, es decir una clasificación ordenada y jerárquica.

El problema es que toda esta clasificación depende del criterio del zoólogo o botánico. El propio Lineo era muy consciente de las limitaciones de su sistema. Por ejemplo, reconoció que su clasificación de las plantas en 24 clases era conveniente para identificar y clasificar especímenes, pero no era natural, no reflejaba las relaciones verdaderas entre las plantas. También afirmaba que la especie y el género eran obra de la naturaleza, la obra de Dios, pero las categorías superiores (clase y orden) eran una

creación artificial de los seres humanos: "Classis et ordo est sapientia, genus et species opera naturae". Aunque el sistema era tan práctico y se impuso, los naturalistas eran conscientes de que estaban lejos de crear un *sistema natural*, es decir, un sistema que reflejara las relaciones verdaderas entre los seres vivos. Los siguientes esfuerzos se encaminaron a obtener una taxonomía natural. Un sistema natural sería aquel que reflejara las relaciones verdaderas entre unos y otros. El problema es que nadie sabía exactamente cuáles eran esas relaciones verdaderas. Por eso, convivían

distintos sistemas de clasificación. Hubo que esperar a mediados del siglo XIX para que los naturalistas comprendieran cuál era el sistema natural. Esta comprensión se la proporcionó la teoría de la evolución por selección natural de Darwin y Wallace. A partir de aquel momento cualquier clasificación tenía que reflejar la filogenia, es decir, las relaciones de parentesco entre los seres vivos. Y a este modo de clasificar se lo denominó *sistemática* (recuadro A). Pero la teoría de la evolución se merece su propio capítulo.

Figura 2.18. Mono congo en la Reserva Biológica La Selva (Costa Rica).

Figura 2.19. Ualabí de cuello rojo en Tasmania (Australia).

**Biodiversidad**. Esta palabra se puso de moda hace ya algunas décadas. Es más concisa que *diversidad biológica*, que sería la descripción más apropiada. Y, es más, en ecología la palabra *diversidad* tiene un significado preciso que se define como la cantidad de especies en un ecosistema dado y sus abundancias relativas. El primer componente, el número de especies, se denomina *riqueza* y el segundo, las abundancias de cada una de ellas, la *equitabilidad*. Cuando apareció la palabra *biodiversidad*, el ecólogo Ramón Margalef propuso que se utilizara para todas las especies que existen en el planeta, mientras que se podría seguir usando *diversidad* para las de un ecosistema concreto. Por analogía, la biodiversidad sería el diccionario universal de todas las palabras de una lengua, mientras que la diversidad serían las palabras concretas y su frecuencia de uso en un libro determinado.
Algunas definiciones de la biodiversidad incluyen la *diversidad genética* (genes, genomas, poblaciones) y la *diversidad ecológica* (ecosistemas, paisajes, etc.). En este libro nos centraremos en la diversidad de especies (o taxones similares).

**Especie**. En principio, incluye a aquellos individuos y poblaciones que tienen un ancestro común y que pueden intercambiar *libremente* material genético entre ellos. En el texto veremos las dificultades y sutilezas que plantea definir una especie. Fijémonos en la palabra libremente. La hibridación entre especies distintas es muy común, pero en muchos casos, el intercambio es limitado, de modo que las poblaciones están relativamente aisladas genéticamente. A pesar de estas dificultades, la especie será la unidad de biodiversidad que usaremos en este libro. En algunos casos, tendremos que hablar de subespecies. Darwin ya afirmaba que era imposible distinguir especies de subespecies de forma objetiva. Valorar el grado de diferenciación entre dos poblaciones y decidir si son distintas especies o solamente subespecies siempre depende del criterio del taxónomo. Esto se explica con un ejemplo en la página 83. Cuando queramos incluir ambos términos utilizaremos la palabra *taxones*. En el recuadro B se explican con más detalle algunas de las definiciones de especie.

**Nomenclatura**. La nomenclatura biológica se encarga de proporcionar nombres unívocos a todos los seres vivos. Para ello se siguen una serie de normas acordadas internacionalmente. Desde Lineo, la nomenclatura utiliza dos palabras para cada especie, la primera indica el género al que pertenece y la segunda la especie. En "Recursos electrónicos", al final del libro, se dan las direcciones electrónicas donde se encuentran los códigos para plantas, animales y procariotas.

**Clasificación**. Es la ordenación de varios elementos en categorías. Por ejemplo, podemos clasificar los libros de una biblioteca por temas, alfabéticamente, por géneros literarios, materias, idiomas, etc. También los podemos clasificar con criterios menos útiles como, por ejemplo, el año en el que fueron publicados o incluso el color de las tapas. El único criterio imprescindible para una clasificación es que cada elemento encaje en una categoría y solamente en una.

**Taxonomía**. Una taxonomía es una clasificación en la que se tiene que cumplir un criterio: los elementos tienen que estar clasificados de manera jerárquica. Siguiendo con el ejemplo de los libros, una taxonomía consideraría todos los libros de ficción en una categoría superior. Dentro de esta habría otros taxones de nivel inferior como la novela negra, la literatura romántica, la novela histórica, etc. En el caso de los seres vivos, la taxonomía incluye las categorías especie, género, familia, orden, clase y filo. Hay más subdivisiones, pero estas son las más importantes.

**Sistemática**. Una sistemática es una taxonomía que refleja las relaciones verdaderas entre los elementos clasificados. En el caso de la biología, la sistemática tiene que reflejar la evolución, que es la que proporciona un marco de referencia lógico y fiel a la historia de la vida en el planeta. Se podría pensar que la taxonomía se esfuerza en tener una clasificación ordenada y jerárquica de todos los seres vivos en el presente, mientras que la sistemática pretende reflejar la filogenia, las relaciones de parentesco que esos taxones han tenido a lo largo de la evolución.

# 3. La evolución por selección natural

Conocer el funcionamiento de la evolución por selección natural no es nada intuitivo. Sin embargo, los principios en los que se basa son bastante sencillos y casi evidentes. Por eso no es extraño que la idea se les ocurriera casi al mismo tiempo a Charles Robert Darwin (1809-1882) y a Alfred Russel Wallace (1823-1913) (figuras 3.1 y 3.2). Y que Thomas Henry Huxley (1825-1895) se preguntara cómo era posible que no se le hubiera ocurrido a él una idea tan "sencilla". Por supuesto, tanto Darwin como Wallace también hicieron sus respectivos viajes iniciáticos. Darwin viajo durante cinco años a bordo del Beagle dando la vuelta al mundo (figura 3.1) y Wallace pasó ocho años en Malesia (figura 3.2).

El primer aspecto es la *variabilidad*. Los individuos de una especie no son todos iguales. En el caso de nuestra especie esto es tan aparente que parecería innecesario mencionarlo. Pero insistamos. Entre los seres humanos hay una gran variabilidad. Altos y bajos, delgados y gordos, con distintos tonos del color de la piel, con diferentes tamaños de nariz, diferentes cantidades de pelo y así sucesivamente para todos los caracteres que podamos imaginar. El caso es que esta variabilidad se da en todas las especies. Hay varias razones.

La razón principal es que cada individuo tiene una combinación de genes distinta, la mitad del padre y la otra mitad de la madre. Solamente los gemelos univitelinos tienen exactamente los mismos genes. E, incluso en este caso, las variables ambientales generan diferencias. En mi parvulario teníamos dos parejas de gemelos, los Guitart y los Moscardó. Los Guitart eran altos y con el cabello rizado. Los recuerdo con ojos

Figura 3.1. Charles Darwin, con 31 años, en un retrato en acuarela realizado por George Richmond unos pocos años después del regreso del Beagle. Darwin hizo su viaje alrededor del mundo entre los 22 y los 27 años. La Patagonia le dejó una huella profunda. Según rememoraba, las extensiones inacabables volvían con frecuencia a su mente. En ellas desenterró fósiles de mamíferos prehistóricos extinguidos, como *Macrauchenia* en la provincia de Santa Cruz: "Estas planicies son descritas por todos por ser las más miserables e inútiles. ¿Por qué, entonces (y no es exclusivamente mi caso) estos áridos desechos han tomado tan firme posesión de mi mente?". Darwin (1909), p. 506.
Fuente: George Richmond, *Esajournals*.

Figura 3.2. Izquierda: Alfred Wallace en una fotografía tomada en Singapur en 1862, cuando tenía 39 años y estaba a punto de concluir su viaje de ocho años por Malesia. Singapur fue uno de los puntos de contacto más utilizados por Wallace para viajar a distintos destinos en Malesia y para mandar sus colecciones a Inglaterra. Derecha: Los manglares de Sungei Buloh, probablemente de *Avicenna* sp.
Fuente: Marchant (1916).

azules, pero ya no estoy seguro de esto. Los Moscardó eran bajitos y morenos. Los primeros días no era capaz de diferenciarlos. Pero al cabo de un mes los distinguía perfectamente. La alimentación, el entorno, la atención de los progenitores y la epigenética también generan variabilidad.

Otra razón es que en algunos individuos surgen mutaciones que no aparecen en los demás. Algunas mutaciones son perjudiciales y causan enfermedades en las personas que las padecen. Pero hay muchas mutaciones que generan diversidad sin causar ningún perjuicio. Por ejemplo, el color del pelo depende de las cantidades relativas de eumelanina y feomelanina. La eumelanina proporciona colores de pelo que varían del rubio pasando por el castaño hasta el negro, dependiendo de la cantidad que fabriquen nuestras células. La feomelanina proporciona matices rojizos. Estas cantidades de pigmentos dependen, a su vez, de una serie de genes. Por ejemplo, el cabello rojo se suele producir cuando hay una mutación en el gen MC1R. Este gen codifica la proteína que cataliza la transformación de la feomelanina en eumelanina. Cuando este gen experimenta una mutación, no se produce eumelanina y en consecuencia la persona es pelirroja. Dado que nuestro genoma contine entre 20 000 y 25 000 genes que codifican

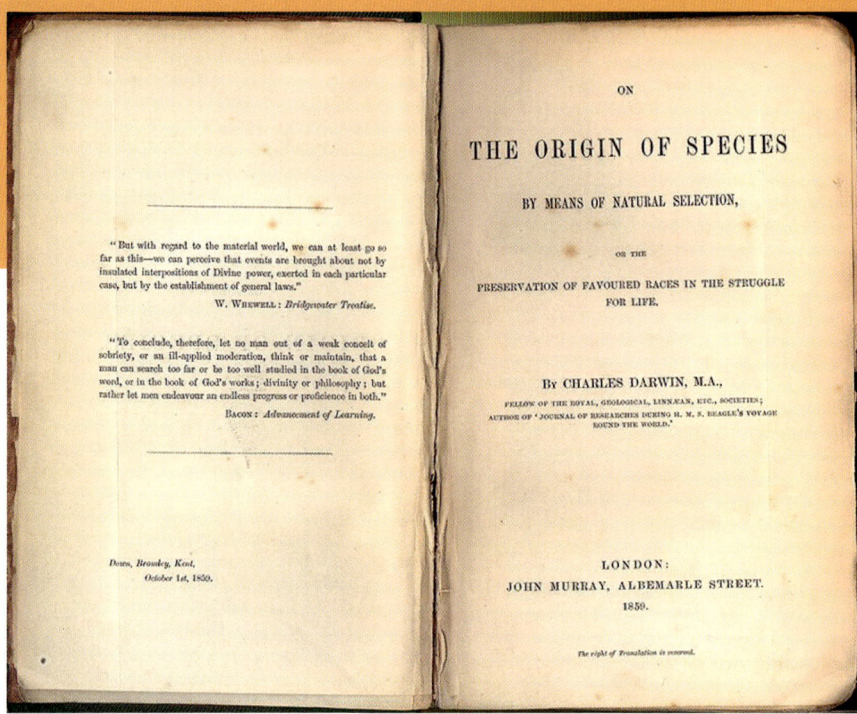

Figura 3.3. *El origen de las especies,* la obra capital de Darwin, en la que hizo la exposición más completa y convincente de la evolución por selección natural.

proteínas, la cantidad de mutantes distintos que podemos tener en una población humana es enorme.

Hay dos razones más que generan variabilidad. Una es el encuentro entre dos poblaciones distintas de una misma especie. Por ejemplo, el mestizaje entre los nativos americanos y los inmigrantes europeos. Y la otra es la hibridación. En este caso se cruzan individuos de dos especies distintas. En principio esto no debería producir descendencia fértil, pero ya veremos que, sobre todo en el caso de las plantas, este mecanismo es muy común. De hecho, la hibridación es la causa de que los seres humanos modernos tengamos un pequeño porcentaje de ADN neandertal y denisovano. Por lo tanto, está claro que en cualquier especie existe variabilidad entre los individuos.

El segundo principio es la *herencia.* Los descendientes heredan los caracteres de los progenitores. Un ejemplo paradigmático es el de los hermanos Hernangómez, Willy y Juancho. Willy mide 2,11 metros y Juancho 2,06. Los dos son hijos de Guillermo Hernangómez que mide 2,03 y Margarita Geuer de 1,98. Todos excelentes jugadores de baloncesto. Es evidente que los hijos heredan muchos caracteres de los padres, como el color de los ojos, el color de la piel, la estatura, la complexión y tantas otras cosas. Por eso, los criadores de caballos seleccionan a los machos más ágiles, más esbeltos o más fuertes como sementales. Porque confían en que la descendencia heredará esos caracteres. No todos los caracteres se heredan, pero hay una gran cantidad de caracteres que sí lo hacen. Por lo tanto, podemos esperar que de padres bien adaptados al medio descenderán hijos bien adaptados al medio y, en cambio, de padres mal adaptados descenderá una progenie mal adaptada.

El tercer principio se basa en la tesis de Thomas Robert Malthus (1766-1834). Tanto Wallace como Darwin se inspiraron en su investigación sobre la población para entender este tercer punto. La propuesta es que la población de una especie tiende a crecer exponencialmente. Sin embargo, los recursos que necesita esa especie no crecen a la misma velocidad. Por lo tanto, no todos los individuos pueden

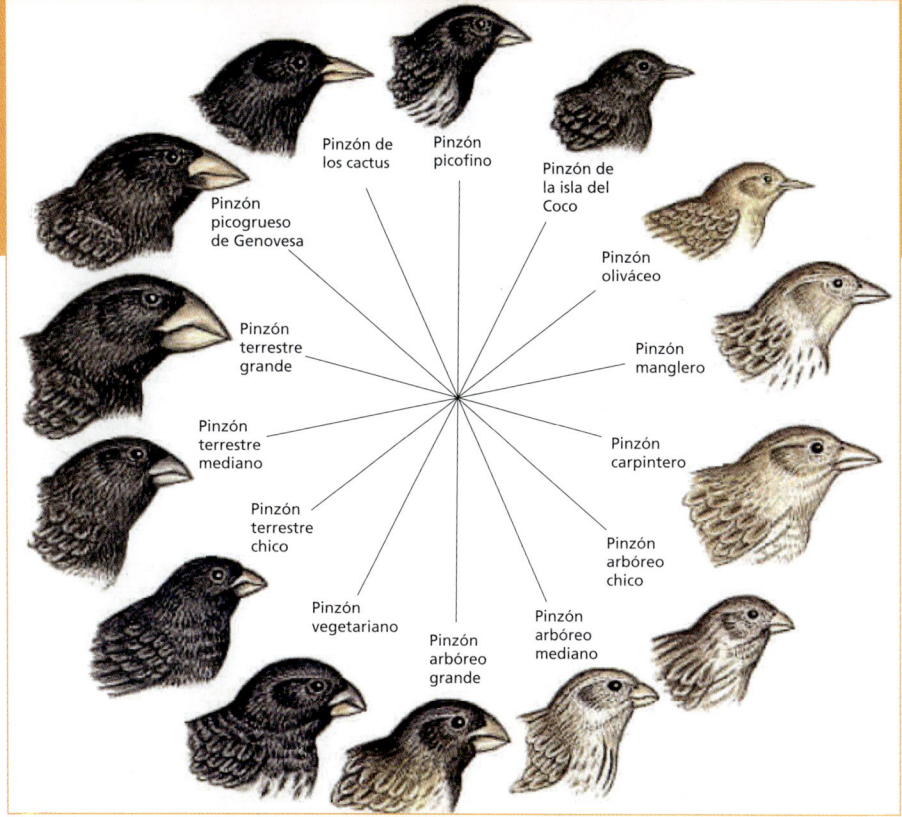

Figura 3.4. Pinzones de Darwin mostrando la radiación adaptativa con distintos picos para diferentes tipos de alimentos. Fuente: Adaptado de Grant y Grant (2008), Princeton UP.

Pinzón de los cactus

Pinzón picofino

Pinzón de la isla del Coco

Pinzón picogrueso de Genovesa

Pinzón oliváceo

Pinzón terrestre grande

Pinzón manglero

Pinzón terrestre mediano

Pinzón carpintero

Pinzón terrestre chico

Pinzón arbóreo chico

Pinzón vegetariano

Pinzón arbóreo grande

Pinzón arbóreo mediano

sobrevivir. Necesariamente, una parte de la descendencia de cualquier especie tiene que morir. Por lo común, las especies están en equilibrio con su entorno y sus poblaciones se mantienen estables. Para conseguir esta estabilidad, funcionan una serie de mecanismos de mortandad: hay parásitos, depredadores, accidentes, hambre, enfermedades, que eliminan una parte de los individuos de la siguiente generación. Cuando una especie coloniza un nuevo lugar en el que faltan sus depredadores habituales, se multiplica de forma desmesurada, como ocurrió con los conejos en Australia o como está ocurriendo con los seres humanos en todo el planeta.

El cuarto punto se deduce casi de forma automática de los anteriores. Sin embargo, a Darwin le llevó un proceso de maduración, reflexión y consideración de sus observaciones para llegar a formularlo de una forma clara y contundente y que finalmente cristalizó en *The origin of species by means of natural selection* (1859), uno de los libros más influyentes de la historia de la ciencia

(figura 3.3). Wallace, en cambio, tuvo su epifanía, su momento "eureka" en la isla de Ternate (en las Molucas) —una de las islas con las que Juan Sebastián Elcano tuvo relación (1486-1526), junto con la tripulación superviviente de la expedición de Magallanes, en esta famosa y primera circunnavegación para abastecerse del muy apreciado clavo de olor—, una isla relativamente pequeña formada por un volcán activo, en la que Wallace se

encontraba recolectando especímenes de todo tipo de seres vivos, pero unos ataques de fiebre intermitentes (probablemente malaria) lo obligaron a convalecer durante largas horas en la cama. Durante una de estas vigilias, recordó la tesis de Malthus y se preguntó:

¿Por qué unos mueren y otros viven? Y la respuesta era claramente que al final sobreviven los mejor adaptados. Los

G. magnirostris
G. fortis
G. fuliginosa
G. difficilis
G. scandens
C. psittacula
C. parvulus
C. pallidus
P. crassirostris
Ce. olivacea

G. magnirostris
G. fortis
G. fuliginosa
G. scandens
C. psittacula
P. crassirostris
Ce. fusca

G. magnirostris
G. fortis
G. fuliginosa
G. difficilis
C. psittacula
C. parvulus
C. pallidus
P. crassirostris
Ce. olivacea

G. magnirostris
G. fortis
G. fuliginosa
G. scandens

G. magnirostris
G. fortis
G. fuliginosa
G. scandens
C. psittacula
C. parvulus
C. pallidus
P. crassirostris
Ce. olivacea

G. fortis
G. fuliginosa
G. scandens
C. parvulus
C. pallidus
P. crassirostris
Ce. fusca

G. magnirostris
G. fortis
G. fuliginosa
G. scandens
C. psittacula
C. parvulus
C. pallidus
C. heliobates
P. crassirostris
Ce. olivacea

G. fortis
G. fuliginosa
G. scandens
C. psittacula
C. pauper
C. parvulus
P. crassirostris

G. magnirostris
G. fortis
G. fuliginosa
G. scandens
C. psittacula
C. parvulus
Ce. fusca

G. fuliginosa
G. conirostris
Ce. fusca

Figura 3.5. Distribución de los pinzones de Darwin en el archipiélago de las Galápagos, pertenecen a los géneros *Geospiza* (G), *Camarhynchus* (C), *Platyspiza* (P), *Certhidea* (Ce). La flecha amarilla indica la islita Dafne Mayor y sus especies de pinzones (se omiten las especies de las islas más pequeñas). Fuente: Imagen de fondo obtenida por el sensor MODIS a bordo del satélite de la NASA Terra, el 12 de marzo de 2002, Jacques Descloitres, MODIS Rapid Response Project at NASA/GSFC-Earth Observatory 8270 and NASA GSFC.

más sanos sobreviven a los efectos de las enfermedades, los más fuertes, más veloces o más listos escapan de los enemigos; los mejores cazadores y los que tengan el mejor aparato digestivo escapan del hambre y así sucesivamente. Repentinamente, se me ocurrió que este proceso necesariamente *mejoraría la raza*, porque en cada generación los inferiores serían inevitablemente muertos y los superiores resistirían, es decir, *los mejor adaptados sobrevivirían* (Wallace, 1905).

Estos cuatro principios se traducen en que las especies cambian en el tiempo adaptándose al medio y, a largo plazo, acaban formando especies distintas de las originales. Este es el principio de la evolución por selección natural.

¿Tenemos evidencia experimental de que esto sea así? La respuesta es afirmativa y lo veremos a través de un ejemplo maravilloso: los pinzones de Darwin[1] en la isla Dafne Mayor, en las Galápagos (figuras 3.4 y 3.5). Esta pequeña isla tiene una superficie ligeramente inferior a la Ciudad del Vaticano. En ella, los biólogos Peter R. y B. Rosemary Grant (Universidad Princeton, New Jersey) establecieron un programa de investigación que ha durado varias décadas (Grant y Grant, 2008). La pareja iba cada año, anillaba a todos los pinzones que podía, medía sus

1. A pesar de que el nombre común sea pinzones de Darwin, no pertenecen a la familia de los pinzones (Fringillidae), sino a la de las tangaras (Thraupidae).

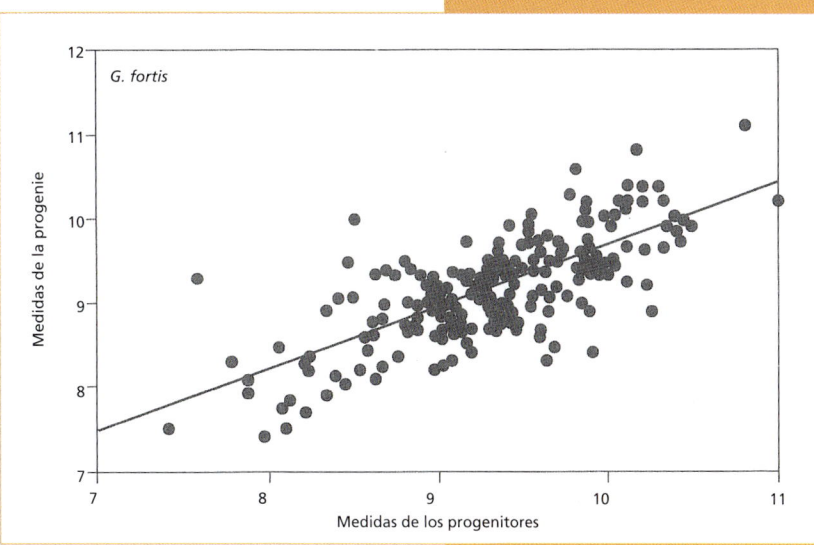

Figura 3.6. Alturas de los picos de *Geospiza fortis* de varias generaciones. Medidas de la progenie comparadas con las medidas de los padres en mm. Los rangos de valores en ambos ejes ilustran la variabilidad del carácter. La pendiente significativa de 0,74 estima la heredabilidad del carácter.
Fuente: Adaptado de Grant y Grant (2008).

caracteres morfológicos (peso, talla, tamaño del pico, etc.) y los seguía en sus atribuladas vidas registrando con quién se apareaban o qué descendencia tenían. Como dicen los Grant, "los tres ingredientes esenciales de la evolución adaptativa de Darwin son la variabilidad, la herencia y la selección". Y en sus estudios pudieron demostrar la existencia de los tres. La variabilidad y la herencia fueron relativamente sencillas. Después de capturar, medir, pesar y anillar docenas de pinzones de Darwin terrestres medianos (*Geospiza fortis*) de varias generaciones, pudieron comprobar que el tamaño del pico variaba entre 7,5 y 11 mm. Por tanto, la variabilidad existía. Y, en segundo lugar, comparando los picos de la descendencia con los de los

Figura 3.7. Una selección de los pinzones de Hawái que muestran su extraordinaria radiación adaptativa. Esta radiación empezó hace seis millones de años, lo que explica que las especies hayan divergido mucho más que los pinzones de Darwin. La silueta central muestra el pico probable del pinzón ancestral de todo el grupo. Del 1 al 6 son granívoros y frugívoros; del 8 al 11, nectarívoros; el 14 y 15, generalistas; del 17 al 19, recolectores entre las hojas; del 21 al 26, recolectores en las cortezas. Los restantes son intermedios. Las especies con números blancos sobre fondo rojo están extinguidas (por motivos de claridad no se han representado 13 especies más). 1, pinzón de Laisan; 2, palila; 3, picogordo de Kona; 4, koa mayor; 5, ou; 6, drepanis de Munro; 7, ula-ai-hawane; 8, akohekohe; 9, iiwi; 10, apapane; 11, mamo de Hawái; 12, anianiau; 13, alahuahio de Maui; 14, alahuahio de Molokai; 15, amakihi de Hawái; 16, amakihi de Kauai; 17, akepa de Kauai; 18, akepa de Hawái; 19, amakihi grande; 20, akialoa de Hawái; 21, akikiki de Hawái; 22, akikiki de Kauai; 23, poo-uli; 24, akiapolaau; 25, nukupuu de Kauai; 26, pseudonestor.

Fuente: H. Douglas Pratt. Oxford University Press.

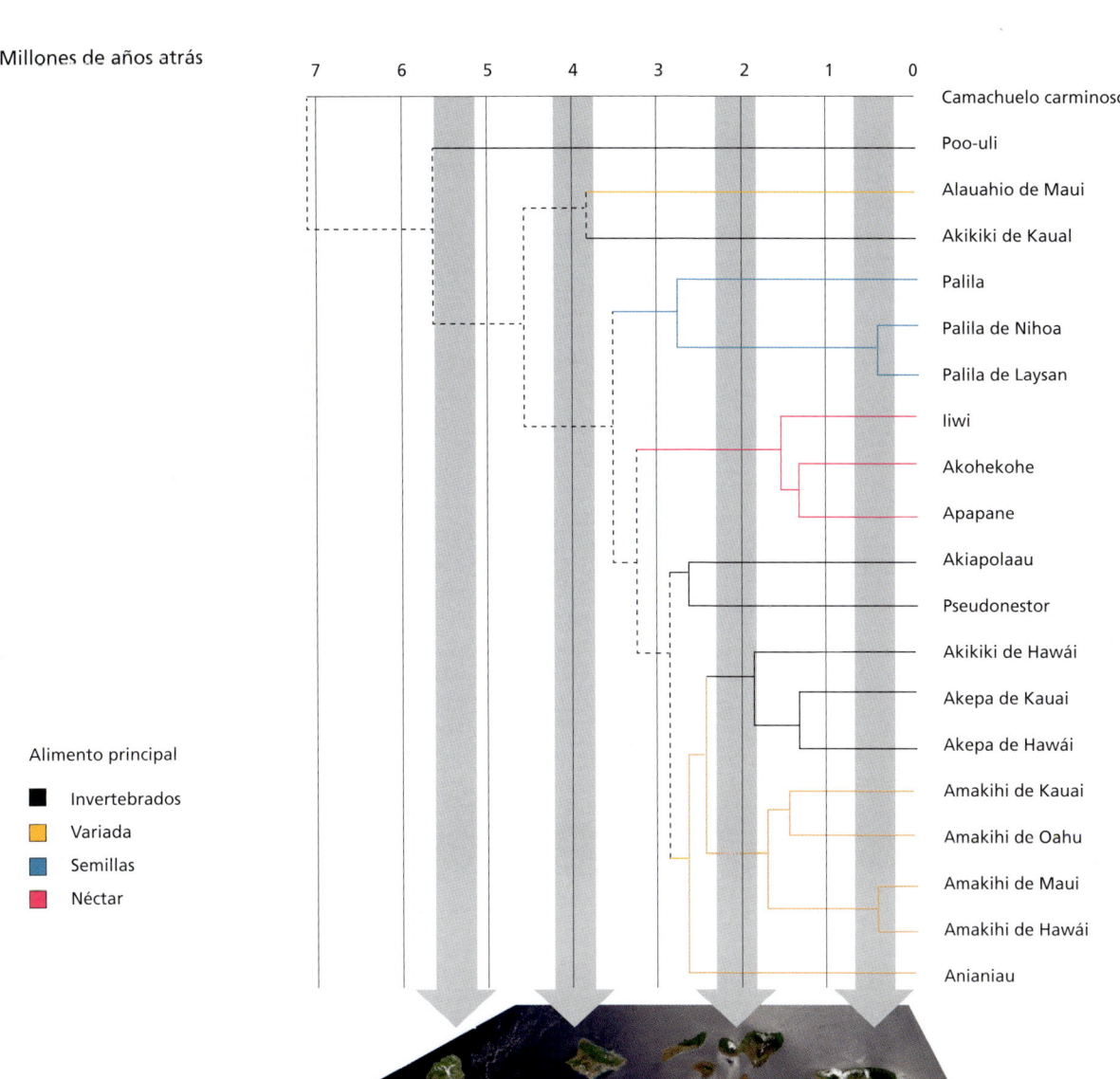

Millones de años atrás

| 7 | 6 | 5 | 4 | 3 | 2 | 1 | 0 |

Camachuelo carminoso

Poo-uli

Alauahio de Maui

Akikiki de Kaual

Palila

Palila de Nihoa

Palila de Laysan

Iiwi

Akohekohe

Apapane

Akiapolaau

Pseudonestor

Akikiki de Hawái

Akepa de Kauai

Akepa de Hawái

Amakihi de Kauai

Amakihi de Oahu

Amakihi de Maui

Amakihi de Hawái

Anianiau

Alimento principal

■ Invertebrados
■ Variada
■ Semillas
■ Néctar

Kauai

Oahu

Maui
Nui

Hawái

Figura 3.8. Árbol filogenético de los pinzones de Hawái basado en los genomas completos de las mitocondrias. Solamente se han estudiado las especies existentes o recientemente extinguidas como el poo-uli. Las líneas finas verticales indican los millones de años atrás. Las flechas anchas grises indican el período aproximado de aparición y crecimiento de cada isla. Las líneas discontinuas indican ramificaciones inseguras. El camachuelo carminoso es un pinzón continental y se ha añadido para enraizar el árbol. Se indica el alimento principal de cada especie.

Fuente: Adaptado de la figura 2 en Lerner *et al.* (2011).

progenitores, vieron que existía una correlación muy alta. Los progenitores de picos grandes tenían descendencia de picos grandes y los de picos pequeños tenían descendientes de picos pequeños (figura 3.6). Esto demuestra que los caracteres se heredan. Pero faltaba el tercer componente, la selección.

Uno de los fenómenos que más afectan al clima de las Galápagos es el del Niño. Cada pocos años este fenómeno altera las condiciones de temperatura, humedad y, sobre todo, las lluvias que caen en las islas. Cuando no hay un Niño, en las Galápagos apenas se recogen 100 mm de agua al año. Pero los años en que existe este fenómeno pueden caer entre 1000 y 1500 mm, diez veces más. Obviamente esto afecta a la vegetación. En 1977 se produjo una sequía severa. Como resultado murió el 85% de los individuos del pinzón de Darwin terrestre mediano (*Geospiza fortis*). La sequía impidió la reproducción de las plantas que producían las pequeñas y blandas semillas de las que se alimentaba esta especie, como portulacas, heliotropos y varias gramíneas. Los pinzones acabaron con todas las semillas de este tipo que había en el suelo. Y, a continuación, tuvieron que buscar semillas más grandes y duras, como las del abrojo (*Tribulus cistoides*). El problema era que para cascar estas semillas se necesitaba un pico poderoso que solamente algunos individuos de *fortis* tenían. Los

individuos con picos más pequeños necesitaban mucho tiempo para romper una sola semilla y al final, acabaron muriendo. Por lo tanto, cuando llegaron las lluvias, los pinzones supervivientes de la especie *fortis* tenían un pico más grande que en la primavera anterior. La media del tamaño del pico de esta especie pasó de 9,5 a 10 mm. Parece una diferencia minúscula, pero representó la diferencia entre la vida y la muerte. Este ejemplo muestra como los cambios en las condiciones ambientales hacen que las especies se adapten modificando sus características. De hecho, es una demostración paradigmática de cómo funciona la selección natural.

En 1983 se produjo un fenómeno Niño, el más potente de los últimos 400 años. Las lluvias torrenciales tuvieron el efecto de que crecieran muchas plantas que normalmente eran incapaces de sobrevivir y que se hallaban solamente en forma de semillas en el suelo. Algunas plantas trepadoras, como la *Merremia aegyptia*, una pariente de nuestras corregüelas, crecieron tanto que cubrieron los arbustos de *Tribulus*, que al no tener suficiente luz no pudieron fructificar. De repente, la situación había cambiado completamente. Ahora, las semillas abundantes eran las pequeñas y blandas. Y el resultado no se hizo esperar: los pinzones con picos más pequeños fueron los que más sobrevivieron. Como resultado, el tamaño del pico volvió a los niveles

anteriores a la sequía de 1977. ¡Qué ejemplo más maravilloso! Las características de una especie se van adaptando a los cambios en el ambiente. Mientras siga habiendo una oscilación entre años lluviosos y años secos, el tamaño del pico de los pinzones seguirá fluctuando. Pero si un cambio climático de mayor envergadura causara, por ejemplo, sequías permanentes, la especie definitivamente cambiaría el tamaño de su pico. Incluso después de estas idas y venidas, los pinzones terrestres medianos en Dafne Mayor cambiaron significativamente algunos caracteres entre 1973 y 2003. Después de solamente 30 años, los pinzones eran más pequeños en tamaño corporal y tenían picos más puntiagudos. Es evidente que después de un millón de años los cambios serían mucho mayores.

Los antecesores de los pinzones de Darwin llegaron de América a las Galápagos hace entre dos y tres millones de años. Basándose en la diversidad actual, se ha estimado que tuvo que llegar una bandada de al menos 30 individuos. Este hecho es en sí mismo muy improbable. Las islas llevaban ya varios millones de años de existencia sin que ningún pinzón se hubiera establecido. El archipiélago está a unos 1000 km del continente. Ningún pinzón en su sano juicio habría intentado la aventura de volar hacia lo desconocido para tal vez encontrar un paraíso. Seguramente, nuestra bandada apareció desviada o desorientada por alguna tormenta. Desde luego, lo mismo les había pasado a muchas bandadas de pinzones sin que ninguna acertara a aterrizar sobre las Galápagos. El caso es que, desde la llegada de estos antecesores, las aves fueron colonizando islas y adaptándose a los distintos ambientes que encontraron en ellas. En este proceso se diferenciaron hasta formar las 18 especies actuales (figuras 3.4 y 3.5). Pero dos millones de años no es tanto en términos evolutivos y por eso estas especies son todavía muy próximas entre sí. Como veremos en el siguiente capítulo, esto hace que la hibridación todavía sea relativamente frecuente.

Otra bandada de pinzones aterrizó en las Hawái hace unos seis millones de años y también dio lugar a una radiación extraordinaria (Pratt, 2005) (figura 3.7). Seguramente no era ni la primera bandada ni la última en llegar a este archipiélago. Pero, a diferencia de todas los demás, esta tuvo éxito, estableció una población reproductora, probablemente en las islas Kauai o Necker que en aquel momento eran las más grandes y altas, y encontró un paraíso de nichos ecológicos vacíos. En unos seis millones de años, aquel grupito de pinzones se diversificó hasta generar alrededor de 60 especies adaptadas a diferentes medios y distintos alimentos: una de las radiaciones adaptativas más espectaculares de la

Figura 3.9. Akiapolaau.
Fuente: John Gerrard Keulemans, en Rothschild y Palmer (1893).

| ESPECIE | PICO | ALIMENTO PRINCIPAL | MECANISMO DE ALIMENTACIÓN | EQUIVALENTE | FAMILIA |
|---|---|---|---|---|---|
| Palila de Laysan | Tipo pinzón grueso | Omnívoro | | Jilguero | Fringillidae |
| Palila de Hawái | Tipo pinzón grueso | Semillas de Mamane | Sujeta legumbres con las patas y las abre con el pico | Camachuelo | Fringillidae |
| Poo-uli* | Grueso y ligeramente ganchudo | Caracoles, artrópodos | Búsqueda en suelo y ramas bajas | Gavilán caracolero | Accipitridae |
| Pseudonestor | Grueso y comprimido lateralmente | Larvas de insectos | Rompe ramillas y cortezas | Carpintero | Picidae |
| Akepa | Cónico con la mandíbula curvada a un lado | Artrópodos | Abre capullos foliares buscando larvas | Piquituerto | Fringillidae |
| Anianiau | Delgado corto y algo curvado | Artrópodos y néctar | Recoge insectos de hojas y néctar de flores abiertas | Curruca | Sylviidae |
| Alahuahio de Maui | Delgado, corto y recto | Artrópodos | Busca entre la corteza y las hojas | Trepador | Sittidae |
| Akikiki de Kauai | Delgado, corto y cónico | Artrópodos | Busca en la corteza | Trepador | Sittidae |
| Amakihi grande* | Largo y afilado, casi recto | Artrópodos | Sondea y extrae abriendo el pico | Estornino | Sturnidae |
| Nukupuu* | Maxila el doble de larga que la mandíbula | Artrópodos | Insectos en la corteza | Carpintero | Picidae |
| Akiapolaau | Maxila mucho más larga y delgada que la mandíbula | Artrópodos | Excava bajo la corteza de árboles | Carpintero | Picidae |
| Akialoa* | Muy largo y curvo | Artrópodos | Invertebrados entre musgos, líquenes y huecos de árboles | Arañero | Nectariniidae |
| Amakihi | Ligeramente falcado, longitud intermedia | Artrópodos y néctar | Generalista | Mosquitero canario | Phylloscopidae |
| Apapane | Delgado curvado y corto | Néctar | Néctar de flores abiertas, como las de ohia lehua | Mielero | Meliphagidae |
| Iiwi | Delgado, largo y muy curvado | Néctar | Flores con corola alargada como *Lobelia* | Colibrí | Trochilidae |

Tabla 3.1. Algunos ejemplos de la radiación adaptativa de los pinzones de Hawái, con el tipo y mecanismos de alimentación y su equivalente en los continentes. Las especies con asterisco se han extinguido.

evolución (figura 3.8)[2]. Si Darwin hubiera visitado las Hawái, hoy se hablaría poco de los pinzones de las Galápagos, un grupo que, como hemos visto, tan solo tiene 18 especies y todas muy similares entre ellas y de colores pardos y negros muy poco atractivos. Los pinzones de Hawái, por el contrario, son de colores muy vivos y modificaron

el pico típico de granívoro de todos los pinzones para hacer las tareas de los loros, los trepadores, los pájaros carpinteros, los piquituertos y de especialistas en alimentarse de néctar, de caracoles o de insectos escondidos entre musgos y epífitas (tabla 3.1). Uno de los picos más sorprendentes es el de la akiapolaau (*Hemignathus wilsoni*) (figura 3.9). Este pájaro tiene la mandíbula (mitad inferior del pico) corta y dura, y el maxilar (mitad superior

_____

2. En este caso sí que pertenecen a la familia de los pinzones (Fringillidae).

del pico) muy larga, delgada y flexible. El "aki" abre el pico y utiliza la mandíbula como si fuera un pájaro carpintero. Una vez que ha taladrado el agujero, introduce el maxilar para extraer el gusano. Un pico que parece una navaja del ejército suizo.

Al contrario de lo que ocurre en los pinzones de Darwin, la hibridación es muy poco frecuente entre los de Hawái. De hecho, solamente se ha descrito un caso entre una hembra de iiwi (*Drepanis coccinea*) y un macho de apapane (*Himatione sanguinea*) (figura 3.10). Dado que se han extinguido más de la mitad de las especies de esta radiación (el 64 %), no podemos asegurar que algunas de ellas no hubieran hibridado en el pasado. Pero el hecho es que no se ha observado ningún otro híbrido (Knowlton *et al.*, 2014). Como han tenido más tiempo para diferenciarse (casi seis frente a unos dos millones de años), parece que se han establecido barreras reproductivas más efectivas entre las diferentes especies. De hecho, el iiwi y el apapane son filogenéticamente muy próximos entre sí, ya que se estima que se separaron hace

1,6 millones de años (Lerner *et al.*, 2011) (figura 3.8). Estaríamos en el mismo rango que con los pinzones de Darwin. Pero la mayoría de las especies llevarían mucho más tiempo de evolución separada.

La conclusión de todo este análisis de las radiaciones de aves en archipiélagos es que las especies están relacionadas entre ellas a través de sus antecesores comunes y de su historia evolutiva. Ahora podemos ver cómo afecta la teoría de la evolución

al tema del capítulo anterior: la clasificación natural de los seres vivos. Todos los seres vivos procedemos de nuestros ancestros. Según la teoría de la evolución, las especies que tienen un ancestro común tendrán algún parecido entre sí. Los seres humanos y los chimpancés tuvimos un antecesor común hace entre seis y ocho millones de años. Desde entonces, nuestros respectivos linajes se han ido separando y adaptando a ambientes distintos. Las especies más parecidas hará menos tiempo que se separaron y las más diferentes, al contrario, tendrán su último antecesor común hace más tiempo. En nuestro caso, los chimpancés son los seres vivos más próximos a nosotros, mientras que los gorilas son un poco más lejanos y los babuinos todavía más. Aquí tenemos un criterio excelente para convertir nuestra clasificación en natural. Lo único que tenemos que hacer es reflejar las distancias evolutivas entre especies. Así que colocamos a nuestra especie *Homo sapiens* en el género *Homo*, que compartimos con varias especies extinguidas como los neandertales o los denisovanos (nuestros genomas se parecen en un 99,7%). Se estima que estas tres especies se separaron hace unos 700 000 años. Juntamos al género *Homo* con el género *Pan* (chimpancés y bonobos, nuestros genomas se parecen en un 98,5% y nos separamos hace entre seis y ocho millones de años) en la familia Hominidae, que compartimos con gorilas, orangutanes y gibones. Finalmente, incluimos a esta familia en el orden primates, junto a babuinos, macacos y lémures. De este modo nuestra clasificación refleja la filogenia y es, por tanto, *un sistema natural, una sistemática*.

# 4. Qué es una especie y por qué hay tantas

Caminado por el campo se encuentran dos animales.

—Hola —dice el primero.

—Hola —dice el segundo. —Oye, tú, ¿qué tipo de animal eres?

—Soy un perro lobo. Mi papá era un perro y mi mamá una loba.

—Ah.

—Y tú, ¿qué tipo de animal eres? — pregunta el perro lobo.

—Pues yo soy un oso hormiguero.

—¡Anda ya! —dice el perro lobo incrédulo.

ESTE chiste clásico (y bobo) ilustra muy bien qué es una especie y qué no lo es. Al menos según la definición clásica de especie. Según este concepto (denominado el *concepto biológico de especie*), dos animales pertenecen a la misma especie si al cruzarse tienen descendencia fértil. El lobo (*Canis lupus*) y el perro (*Canis lupus familiaris*) pueden cruzarse y su descendencia es fértil. Por lo tanto, pertenecen a la misma especie (*Canis lupus*, con distintas subespecies). En cambio, un oso y una hormiga no hay modo de que se crucen (figura 4.1). No es de extrañar la reacción del perro lobo. Estos casos son muy claros, pero hay otros que no lo son tanto. Por ejemplo, el caballo (*Equus caballus*) y el burro (*Equus asinus*) se pueden cruzar y dan lugar a la mula (yegua y burro) o al burdégano (burra y semental). La mula y el burdégano son generalmente estériles y, por lo tanto, el caballo y el burro son especies diferentes (como indican los nombres latinos). Pero fijémonos en que, a diferencia del oso y la hormiga, se

Figura 4.1. Lobo y oso hormiguero gigante en el Pantanal.
Fotografías: (Lobo) Wikimedia Commons y (oso hormiguero) Carlos Pedrós-Alió.

pueden cruzar y tener descendencia. Los dos pertenecen al mismo género (*Equus*) y están suficientemente próximos como para que esto sea posible. Es más, son especies tan cercanas que algunas mulas todavía retienen algo de fertilidad, aunque sus descendientes suelen ser de bajo peso y corta supervivencia. En resumen, la hibridación entre caballo y asno es posible, pero la descendencia no es fértil y, por lo tanto, las dos especies no pueden intercambiar material genético libremente entre ellas.

Este concepto biológico de especie funciona razonablemente bien con mamíferos grandes, pero cuando nos fijamos en otros seres vivos, la cosa se complica considerablemente. Los

trabajos de los Grant en las Galápagos son una fuente inagotable de inspiración. Gracias al nivel de detalle y a las décadas del estudio, se descubrieron muchas relaciones sutiles, esas que determinan el devenir de la evolución en el día a día.

Los pinzones de Darwin son especies muy parecidas entre ellas, todas son de colores negro o pardo y las diferencias fundamentales entre las 18 especies son la longitud del cuerpo y el tamaño y forma del pico (figura 3.4). En particular, estos dos últimos rasgos determinan de qué se puede alimentar cada especie. Por ejemplo, hay tres especies muy próximas entre ellas que son los pinzones terrestres chico

(*Geospiza fuliginosa*), mediano (*Geospiza fortis*) y grande (*Geospiza magnirostris*), que miden 10, 12 y 16 cm respectivamente. Un gorrión, en comparación, mide unos 15 cm.

Otra diferencia entre estas especies es el canto del macho. Cada especie tiene uno distinto y las hembras se aparean siempre según sea el canto del macho. Los machos tienen que aprender el canto de su especie. Normalmente, lo aprenden de sus padres, pero hay veces en las que pasan cosas raras. Por ejemplo, cierto pollito de *fortis* creció cerca de un nido de *magnirostris* en el que el macho era el equivalente de un cantante de ópera con una voz formidable como Plácido Domingo o Bianca Castafiore. El canto era tan potente que el pollito aprendió el de la especie equivocada. Cuando creció, este macho cantó como un *magnirostris* y, consecuentemente, se apareó con una hembra *magnirostris*. En este caso, los híbridos son fértiles, porque las dos especies son muy próximas, apenas hace un poco más de un millón de años que se separaron. Estos híbridos se producen con una frecuencia baja, cerca del 1 o 2% y tienen poca influencia sobre el devenir de cada una de las dos especies, pero claramente son posibles y permiten cierto intercambio de material genético entre ambas especies, añadiendo mayor variabilidad a sus poblaciones. Seguramente, esto mismo es lo que ocurrió entre los neandertales y nosotros.

Figura 4.2. Semillas de diente de león (*Taraxacum*), una buena dispersora, y de *Argyranthemum*, con semillas poco viajeras.

A su vez, y como ya hemos apuntado, el tamaño del pico determina de qué se puede alimentar cada especie. El cico (*fuliginosa*) se alimenta de semillas pequeñas y algunos artrópodos, *fortis* también se alimenta de semillas pequeñas, pero incluye una buena proporción de semillas más grandes de *Tribulus* y de *Opuntia*. Finalmente, *magnirostris* se alimenta de semillas grandes, frutos y orugas. Esto es lo que se conoce como *partición de nicho*. El nicho que explotan estas tres especies son los alimentos que pueden encontrar en el suelo, fundamentalmente semillas, pero también algunos insectos y otros

Figura 4.3. Margaritas arbóreas, Scalesia *affinis* en la isla de Santa Cruz.
Fotografías: Octavio Arango.

artrópodos. Algunos pinzones de Darwin explotan otros nichos, como los insectos que viven en los árboles (pinzones de Darwin arbóreos, también tres especies de distinto tamaño). Los pinzones terrestres han dividido los recursos que encuentran en el suelo entre los tres. Cada uno se ha adaptado a distintos tamaños de alimentos y de este modo han aparecido tres especies que minimizan la competencia entre ellas. Cada uno es mejor en recoger un tipo ligeramente distinto de recurso que los otros y, por eso, las tres especies pueden coexistir.

Estos estudios expresan muy bien que la evolución es un proceso continuo, es una película y en cada momento nosotros solamente tenemos un fotograma. Por eso, algunas especies se han separado completamente, como el oso hormiguero y las hormigas, otras lo han hecho casi del todo como el burro y el caballo, y otras se encuentran en el proceso de separación como los pinzones de Darwin. La idea es que las poblaciones que pertenecen a la misma especie pueden intercambiar material genético libremente. Pero en general, entre diferentes especies, este intercambio genético es limitado.

En realidad, el tema es todavía más complicado, como demuestran las plantas. La flora de las Canarias es un equivalente de los pinzones de Darwin, como sostienen numerosos naturalistas de renombre. Me parece que el primero fue el botánico Kornelius Lems (1931-1968). En un artículo publicado en 1960 dijo: "Creo que estamos tratando con una situación comparable en muchos aspectos a los pinzones de las Galápagos, una situación con un gran potencial para investigaciones detalladas de citología, genética y anatomía" (Lems, 1960). Lamentablemente, Lems murió en un accidente automovilístico ocho años después, con solamente 37 años de edad. Lems fue otro de los naturalistas fascinados por las Canarias y su flora. Así que vamos a fijarnos en algunas de las plantas más interesantes de las islas.

Concretamente, en un género de margaritas, o magarzas, como se llaman en las islas: *Argyranthemum*. Las plantas que pertenecen a la familia de las margaritas (Asteraceae) son, en general, muy buenas dispersoras. Todos hemos visto esos vilanos de los dientes de león flotando en el aire. Las pequeñas semillas

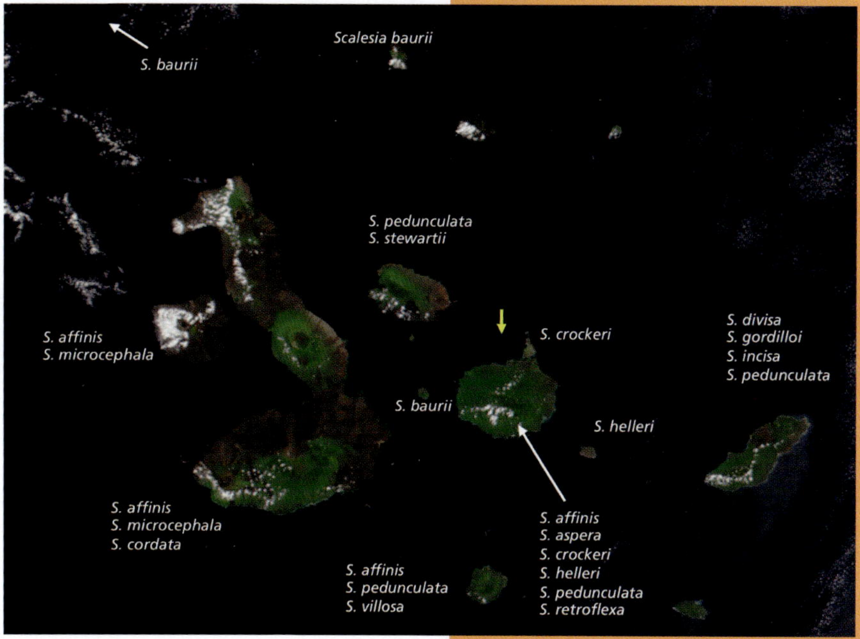

Figura 4.4. Distribución de las especies de *Scalesia* en las Galápagos. De nuevo, la flecha amarilla apunta a la isla Dafne Mayor, en la que no hay ningún representante del género.

Fuente: Imagen de fondo obtenida por el sensor MODIS a bordo del satélite de la NASA Terra, el 12 de marzo de 2002, Jacques Descloitres, MODIS Rapid Response Project at NASA/GSFC-Earth Observatory 8270 and NASA GSFC.

van colgadas de una especie de ala delta, que les permite volar con el viento a lugares muy lejanos (figura 4.2). Por eso han colonizado todos los continentes y la mayoría de los archipiélagos, incluso los más remotos como Juan Fernández o las Hawái. En casi todas las islas oceánicas, las margaritas han llegado, se han establecido y han experimentado una radiación adaptativa similar a la de los pinzones de Darwin. En las mismas Galápagos hay unas 15 especies del género *Scalesia* (alrededor de un millón de años, figuras 4.3 y 4.4) (Itow, 1995), en Hawái se estableció la llamada *alianza de las espadas plateadas*, que incluye

Figura 4.5. Dos ejemplos de la alianza de las espadas plateadas, *Argyroxiphium sandwicense* subsp. *macrocephalum* y *Dubautia menziesii*, en el desierto alpino de Maui.

unas 30 especies de los géneros *Argyroxifium*, *Dubautia* y *Wilkesia* (5,2 millones de años) (figuras 4.5 a 4.7) (Bohm, 2004), en Juan Fernández los géneros más extendidos son *Dendroseris* (11 especies) y *Robinsonia* (siete especies) (Penneckamp, 2018) y hasta en Santa Elena, perdida en mitad del Atlántico sur, han evolucionado las cinco o seis especies del género *Commidendrum*. Todas estas margaritas proceden de hierbas en los continentes más cercanos, pero se han transformado en arbustos e incluso en árboles al colonizar las islas. Algunas especies de *Dendroseris*, por ejemplo, llegan a los cinco metros de altura y otras, de *Scalesia*, alcanzan hasta los 20 metros (figura 4.3). Comparado con las margaritas habituales, estas plantas son gigantes.

En el caso de *Argyranthemum* se considera que hubo un solo origen

Figura 4.6. Arriba: Mi guía, David Kuhn, en el arroyo Kawaikoi, en el bosque lluvioso de los humedales de Alakai (Kauai), hábitat de *Dubautia raillardioides*, otro miembro de la alianza de las espadas plateadas. Abajo: Un ejemplar de dicha especie.

procedente del Mediterráneo occidental, de una planta posiblemente parecida a los crisantemos, en realidad a las margaritas del género *Glebionis* (los pajitos, figura 4.8). Probablemente esta pionera llegó a Tenerife y a partir de allí fue colonizando las demás islas Canarias, las Salvajes y Madeira. En Canarias han colonizado todos los hábitats posibles, desde la costa influenciada por la maresía hasta las partes más altas del Teide.

Un aspecto interesante es el de la gran itinerancia de las semillas de plantas continentales e isleñas. En un continente, cuanto más vuelo tenga una semilla más lejos podrá llegar y más lugares podrá colonizar, incluidas algunas que volarán sobre el océano y llegarán a algún archipiélago remoto. Pero una vez en las islas, si las semillas vuelan mucho, la mayoría acabarán desperdiciadas en el océano. Por eso las semillas de *Argyranthemum* no tienen ala delta y son muy pesadas (figura 4.2). Así, la mayoría caerán en algún lugar de la isla y no en el mar. Claramente, esto también quiere decir que a veces ni siquiera pueden dispersarse de una parte de la isla a otra. Como veremos, la facilidad de dispersión es fundamental para generar la gran cantidad de especies de ranitas que comentábamos en el Bosque Eterno de los Niños.

La planta colonizadora de *Argyranthemum* empezó a reproducirse y a distribuirse por la isla. A medida que ascendía en altura iba encontrando

Figura 4.7. Distribución de la alianza de las espadas plateadas en Hawái. Los números indican el número de especies del género *Dubautia* en cada isla.
Fuente: Gerald (Gerry) Carr, Department of Botany and Plant Pathology, Oregon State University.

condiciones ambientales diferentes (Ashmole y Ashmole, 2016; Schönfelder y Schönfelder 2018). En la zona costera, cerca de la línea del mar, una planta tiene que soportar el salitre, la maresía. Muchas de las plantas que viven en esta zona resisten bien la sal y las semillas pueden desplazarse a través del mar de unas islas a otras. Por eso, la mayoría tienen una distribución muy amplia y hay muy pocos endemismos canarios en la costa. Por encima de esta zona se desarrolla un matorral xerofítico dominado por tabaibas y cardones (distintas especies del género *Euphorbia*) (figura 4.9). La temperatura media es alta y la pluviosidad muy escasa. Unos centenares de metros más arriba, la

Figura 4.8. *Glebionis coronaria*, uno de los parientes más próximos de *Argyranthemum* en el continente, nativa de la zona mediterránea. La foto superior izquierda está tomada en Lanzarote y las otras dos en la Quebrada de Tarapacá, desierto de Atacama, Chile. A pesar de que probablemente llegó a Chile gracias a los seres humanos, su amplia distribución indica la capacidad de dispersión de esta especie.

pluviosidad aumenta y la temperatura disminuye. En esta zona predomina el bosque termófilo, un bosque seco con una gran variedad de especies, como dragos, palmeras, olivos o lentiscos (figura 4.10). A partir de los 800 metros, en las laderas que dan al noreste, los vientos alisios acumulan el mar de nubes. La temperatura es todavía más baja, pero la pluviosidad aumenta y la niebla aporta un extra de humedad que permite el desarrollo de la laurisilva, un bosque denso dominado por parientes del laurel (figura 4.11). Si nuestra planta sigue ascendiendo encontrará la zona de pino canario, una zona más seca y más fría que la anterior, en la que el bosque está totalmente dominado por los pinos

Figura 4.9. Biomas de Canarias (1). Cardonal-tabaibal en Malpaís de Güímar, Tenerife. Se aprecian la tabaiba dulce (*Euphorbia balsamífera*) y el cardón (*Euphorbia canariensis*).

Figura 4.10. Biomas de Canarias (2). Bosque termófilo en Los Silos, Tenerife. Vinagrera (*Rumex lunaria*, rojiza), guaydil (*Convolvulus floridus*, blanco), granadillo (*Hyperiucm canariensis*, amarillo) palmera canaria (*Phoenix canariensis*), jazmín (*Jasminus odoratissimum*) y almácigo (*Pistacia atlantica*).

(figura 4.12). Hacia los 2000 metros, se alcanza la línea del bosque. A partir de aquí y hasta los 3714 metros del Teide hay un matorral de altura, al principio dominado por codesos y retamas de cumbre y luego cada vez más ralo hasta convertirse en un desierto subalpino en el que apenas crecen la violeta del Teide y el tajinaste picante (figura 4.13).

Los descendientes de aquella margarita inicial han colonizado todos estos hábitats y en cada lugar se han adaptado a las condiciones locales generando nuevas especies. Una radiación adaptativa espectacular. Las diferencias morfológicas no son muy grandes. Básicamente, las hojas son más anchas en las especies que crecen en bosques (por ejemplo, *A. adauctum* subsp. *erythrocarpon* que crece en la laurisilva de El Hierro) y más estrechas en las que crecen a pleno sol (como *A. sventenii*) (figura 4.14). En las zonas más secas hay una tendencia a tener hojas filiformes (por ejemplo, en *A. gracile*, que crece en las zonas termófilas del suroeste de Tenerife), aunque no siempre es así. Y las que crecen más cerca del mar suelen tener hojas algo suculentas (como en *A. frutescens* subsp. *succulentum*). A pesar de la escasa diferenciación morfológica, es evidente que cada especie está adaptada a un rango de condiciones ambientales distinto y que, aunque sus distribuciones se solapen, lo hagan por poco. Es más, las vertientes de barlovento son más

Figura 4.11. Biomas de Canarias (3). Laurisilva en Vallehermoso, La Gomera. Las flores rosas son *Pericallis stetzee* y los árboles son diferentes especies de lauráceas.

Figura 4.12. Biomas de Canarias (4). Pinar canario en Boca del Valle, Tenerife. Los arbustos corresponden a *Argyranthemum vicentii* (margaritas) y *Lotus campilocladus* (amarillo).

Figura 4.13. Biomas de Canarias (5.A). Matorral de altura en Las Cañadas, Tenerife. Tajinaste rojo (*Echium wildpretii*), *Descurainia lemsii* (amarillo) y *Spartocytisus supranubius* (blanco). Biomas de Canarias (5.B). Matorral de altura en el Roque de los Muchachos, La Palma. *Adenocarpus viscosus* (amarillo), *Echium gentianoides* (azul), *Spartocytisus supranubius* (blanco).

Figura 4.14. Diferencias en el tamaño de los lóbulos de las hojas de las tres especies de *Argyranthemum* en El Hierro. *A. sventenii* vive en las laderas sur expuestas a la radiación solar. *A. hierrense* vive en la parte norte, parcialmente protegido de la radiación por el mar de nubes. *A. adauctum subsp. erythrocarpon* vive en la laurisilva.

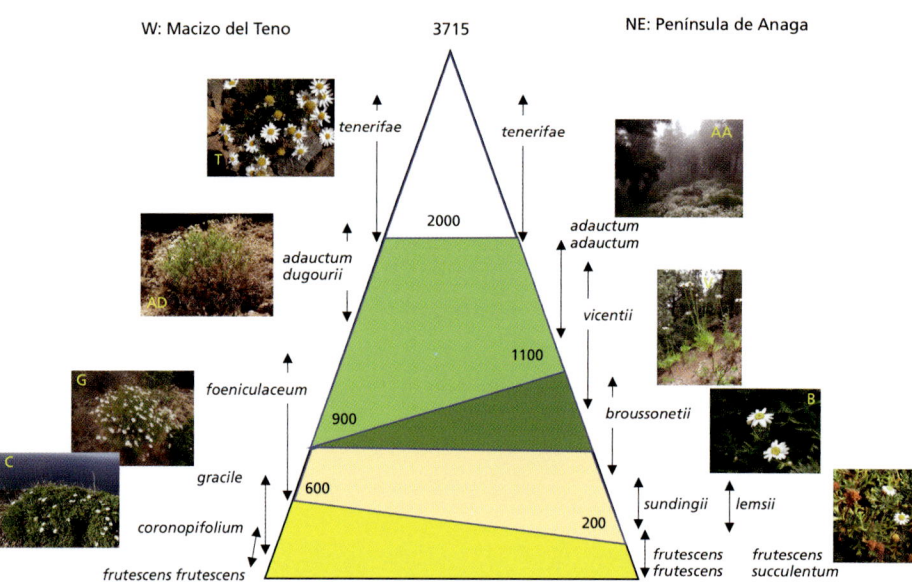

Figura 4.15. Distribución de los 12 taxones de *Argyranthemum* en la isla de Tenerife con sus rangos aproximados de altitud y la situación a barlovento o a sotavento.

húmedas que las de sotavento y esto también hace que las especies que crecen en un lado de la isla sean casi siempre diferentes de las que crecen en el otro. En la figura 4.15 he representado un perfil vertical algo idealizado comparando la zona noreste, desde el Teide hasta la península de Anaga, con la oeste, representada desde el Teide hasta el barranco de Masca en el macizo de El Teno.

Ahora nuestro objetivo es saber cuántas especies de *Argyranthemum* hay. Christopher J. Humphries (1947-2009) realizó su tesis doctoral sobre este tema en 1976 y su estudio sigue siendo la última gran revisión taxonómica del género (Humphries, 1976). Aunque, desde luego, se han hecho varios estudios muy relevantes de los que ya hablaremos. Humphries se enfrentó al problema que tienen todos los botánicos cuando se plantean hacer la revisión de un género. Primero se debe repasar toda la bibliografía, que se remonta al siglo XVII. A lo largo de décadas, distintos botánicos han ido describiendo especies y cambiando los nombres de otras según sus criterios. En segundo lugar, es preciso examinar los pliegos conservados

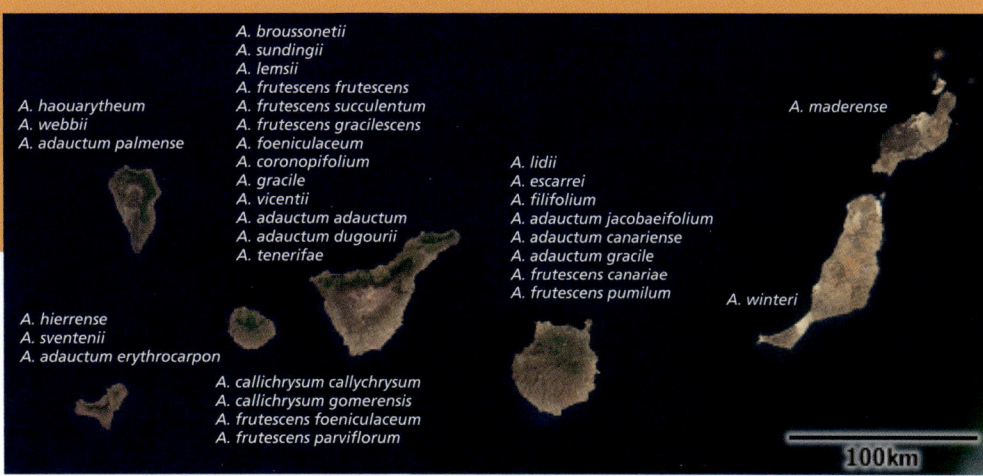

Figura 4.16. Pliego MA-01-00595598 de *Argyranthemum broussonetii* subsp. *broussonetii*, en el Real Jardín Botánico del Madrid (CSIC).

Figura 4.17. Distribución de los taxones de *Argyranthemum* en las Canarias. Fuente: Google Earth.

en herbarios de distintas instituciones (figura 4.16). Para describir una nueva especie de planta, hay que depositar al menos un ejemplar disecado y convenientemente etiquetado en algún herbario bien reconocido. Cada botánico que visitaba las Canarias herborizaba lo que podía y depositaba los pliegos en el herbario que le resultaba más próximo. Para hacer una revisión, es necesario comprobar todos los pliegos relevantes. Por eso Humphries estudió ejemplares en 16 herbarios distintos de Inglaterra, Dinamarca, España, Estados Unidos, Francia y otros países. Finalmente, lo más importante, hay que hacer el trabajo de campo y recorrer toda la zona de distribución del género, recogiendo ejemplares frescos para poder analizarlos y medirlos. En el caso de *Argyranthemum*, existen ejemplares en las Canarias, en Madeira y en las Salvajes (figura 4.17). El botánico tiene que intentar visitar todos estos lugares y en cada isla examinar todas las poblaciones posibles. En Tenerife, por ejemplo, esta es una tarea casi inacabable, por las diferencias de altura, los barrancos inaccesibles y la extensión de la isla. En cambio, en el caso de las Salvajes el problema es llegar, dado que están muy aisladas y no hay ni vuelos ni rutas de barco establecidas. Pero solamente con la colección de ejemplares más completa posible será viable hacer una buena revisión.

Una vez que se dispone de todo este material, el botánico tiene que decidir si dos poblaciones determinadas son idénticas y, por tanto, pertenecen a la misma especie; si son muy parecidas, pero no lo suficiente, entonces las clasificará como subespecies de la misma especie, o si son suficientemente distintas para ser consideradas especies separadas. Parece claro que aquí hay una decisión bastante subjetiva. Algunos naturalistas tienen tendencia a agrupar muchas poblaciones en la misma especie (en inglés se llaman *lumpers*), mientras que otros tienen tendencia a dividirlas en muchas especies (*splitters*). Humphries, por ejemplo, decidió que la mayoría de las plantas que crecían cerca de las costas de Tenerife pertenecían a la especie *A. frutescens*, pero que había suficientes diferencias para dividirlas en tres subespecies: *A. frutescens* subsp.

Figura 4.18. Izquierda: Bosque de pinar húmedo en la vertiente nordeste del Teide. Derecha: La niebla permite la presencia de líquenes y los claros y la humedad dejan que crezca un cierto sotobosque de *Argyranthemum adauctum* subsp. *adauctum*.

Figura 4.19. Pinar seco en Chío, Tenerife. Prácticamente no hay sotobosque y los renovales se cobijan del exceso de radiación a la sombra de los pinos adultos.

*frutescens*, *A. frutescens* subsp. *succulentum* y *A. frutescens* subsp. *gracile*. Pero podría haber decidido que eran tres especies distintas o que no se diferenciaban lo suficiente para declararlas subespecies. El caso es que después de su estudio detallado, decidió que en Tenerife había ocho especies. Dos de ellas tenían varias subespecies: *A. frutescens*, que ya hemos comentado, tenía tres y *A. adauctum* tenía dos (*A. adauctum* subsp. *adauctum* y *A. adauctum* subsp. *dugourii*) y las otras seis no tenían subespecies (*A. tenerifae*, *A. foeniculaceum*, *A. gracile*, *A. coronopifolium*, *A. broussonetii* y *A. lemsii*). Es decir, ocho especies, dos de las cuales tenían cinco subespecies, hacían un total de 11 taxones. Como he reflejado en la figura 4.15, estas especies se distribuyen a distintas alturas y también cambian según la vertiente.

En la figura 4.15 aparecen dos taxones más que Humphries no describió: *A. vicentii* y *A. sundingii*. Los dos tienen historias interesantes. Posteriormente al estudio de Humphries, Liv Borgen (Museo de Historia Natural en Oslo, Noruega) descubrió la especie *A. sundingii* en la península de Anaga (Borgen, 1980). De esta hablaremos enseguida. Y en 1969 los botánicos Arnoldo Santos y Eduardo Feria, entonces todavía estudiantes de Biología en la Universidad de La Laguna, descubrieron *A. vicentii* y presentaron sus resultados en un panel en un congreso.

Como no se hizo la descripción formal, esta no es una especie válidamente publicada. Humphries había considerado que las poblaciones de *A. vicentii* (en la zona de pinares del noreste) era la misma que *A. foeniculaceum* (en la zona más baja de la vertiente suroeste). Pero los investigadores posteriores apreciaron suficientes diferencias como para separarlas. Aquí vemos los problemas de subjetividad que mencionábamos. Estudios moleculares recientes han encontrado diferencias muy significativas entre *A. vicentii* y *A. foeniculaceum* (figura 9.7), así que es un taxón real y esperemos que alguien se decida a hacer la descripción formal. Mientras tanto, se usa el nombre con el aditamento *nomen nudum*, que quiere decir que no está apropiadamente descrita. Lamentablemente, el grave incendio de agosto de 2023 quemó una buena parte de la zona donde crece esta planta, así que tal vez haya desaparecido. Confiemos en que el banco de semillas se haya salvado y algunas puedan germinar.

Tenemos que a partir de algún pariente remoto del género *Glebionis* mediterráneo las semillas que llegaron a Tenerife colonizaron todos los hábitats y experimentaron una radiación adaptativa. El mecanismo es el siguiente: las plantas llegan a un nuevo hábitat y las que tienen caracteres mejor adaptados a esas condiciones son las que se reproducen y acaban colonizando el lugar. Con el tiempo, el hecho de que las condiciones ambientales sean tan distintas en unos y otros lugares hacen que las poblaciones se diferencien lo suficiente para formar nuevas especies. La pregunta que nos hacíamos en el Bosque Eterno de los Niños empieza a tener una respuesta. Hay muchos hábitats distintos y las adaptaciones son necesariamente diferentes, por eso evolucionan especies distintas. Recordemos que los pinzones de Darwin tienen 18 taxones (considerando especies y subespecies) entre todas las islas Galápagos y la isla del Coco. Aquí tenemos 13 taxones de *Argyranthemum* solamente en una isla. En el resto de las Canarias hay 20 taxones, más cinco en Madeira y uno en las Salvajes. En total 39 taxones de un solo género que no crece en ningún otro lugar del mundo, que es endémico de la Macaronesia. Tenía razón Lems cuando consideraba que la flora de las Canarias era el equivalente de los pinzones de Darwin.

Hay otra lección que aprender de las *Argyranthemum* de Tenerife. La península de Anaga, al noreste de Tenerife, se adentra en el Atlántico. La parte central está a unos 1000 m de altura. La vertiente norte está expuesta a los alisios y al mar de nubes y, en consecuencia, tiene una de las zonas de laurisilva más extensas de las Canarias. En cambio, a la vertiente sur no llegan los alisios y es árida. En la laurisilva crece la especie *A. broussonetii* (figura 4.16).

Para crecer en el bosque, tiene unas hojas con lóbulos muy grandes, ya que la cantidad de luz que llega a través del dosel es escasa. En cambio, en las costas crece *A. frutescens*, que tiene unas hojitas estrechas porque la radiación que reciben es muy intensa. Además, una de las subespecies de esta especie, tiene las hojas crasas (*A. frutescens* subsp. *succulentum*), que es una adaptación a la sequía. Estas diferencias son parte de la adaptación del género *Argyranthemum* a las distintas condiciones que encontró en Canarias. Pero lo más interesante es que la vertiente sur de Anaga tiene dos nuevas especies que no se han formado por el mismo mecanismo de adaptación progresiva que acabamos de comentar, sino que se han formado por hibridación entre *A. broussonetii* y *A. frutescens*. En los valles cerca de Chamorga, el polen de *A. broussonetii* fecundó un óvulo de *A. frutescens* subsp. *succulentum* y en los barrancos de Crispín y Brosque, el polen de *A. frutescens* subsp. *frutescens* fecundó un óvulo de *A. broussonetii*. Como resultado, se han formado dos nuevas especies: *A. lemsii* en Chamorga y *A. sundingii* en los valles de Crispín y Brosque (White *et al.*, 2018). Estos híbridos se consideran nuevas especies, porque han formado poblaciones estables, con diferencias morfológicas claras con sus progenitores, y porque, evidentemente, tienen genomas diferentes de cualquiera de los progenitores. La hibridación es posible, ya que, al igual

Figura 4.20. Adaptaciones del pino canario al fuego: raíces profundas, acículas largas, corteza gruesa y resistencia a las heridas, brotes epicórmicos, corteza chamuscada y crecimiento en altura con autopodado de las ramas bajas.

Figura 4.21. Pinar en Boca Cangrejo, Tenerife. El pino canario es una de las primeras plantas en colonizar los materiales volcánicos, después de que las erupciones destruyeran a sus antepasados. Seguramente sus adaptaciones al fuego se produjeron como resultado de las erupciones volcánicas. Al fondo, el Teide.

que los pinzones de Darwin, las especies de *Argyranthemum* empezaron a diferenciarse hace unos dos millones de años y, por lo tanto, están todavía muy próximas, tanto desde el punto de vista morfológico como genético.

Este mecanismo de especiación se denomina *hibridación homoploide*. La ploidía es el número de cromosomas de una especie. Todas las especies de *Argyranthemum* tienen nueve cromosomas distintos, pero con dos copias de cada uno (una materna y otra paterna). En total 18. Tanto las dos especies parentales como las dos híbridas tienen 18 cromosomas, la misma ploidía y son, por tanto, homoploides.

Hay más mecanismos para generar distintas especies. Volvamos a la figura 1.5 ¿Por qué son diferentes las piñas de distintos pinos? En la figura vemos una gran variedad de tamaños y formas de las piñas de distintas especies de coníferas. En principio parecería un nuevo ejemplo del gusto por el barroco, como los cascos de los bomberos. Sin embargo, hay en la naturaleza muchas sutilezas que no son fáciles de descubrir. Hasta ahora hemos visto cómo los pinzones de Darwin se especializaban en semillas de distinto tamaño y dureza repartiéndose un nicho ecológico entre ellos y también cómo las diferentes especies de magarzas se adaptaban a las condiciones ambientales a distintas alturas y vertientes de las Canarias en sendas radiaciones adaptativas. Pero las piñas nos revelan

otro tipo de factor que genera variabilidad en las especies. En este caso se trata del fuego. Tanto los tamaños de las semillas de las que se alimentan como las condiciones ambientales a distintas alturas de una isla, podemos esperar que se mantengan durante tiempos muy largos. Pero el fuego aparece de repente, luego puede no haber ninguno durante décadas y luego volver a aparecer. Es una perturbación que se produce de forma irregular en el tiempo, pero que irremediablemente vuelve más pronto o más tarde. ¿Qué puede hacer un pino ante esta situación? Los pinos se han decantado por dos opciones distintas ante el fuego.

En el primer caso, hay pinos que se defienden procurando que los fuegos sean de superficie y no de dosel. Esto es lo que ha hecho por ejemplo el pino piñonero (*Pinus pinea*). Un fuego de superficie quema la hojarasca, las hierbas y algún matorral. Además, chamusca la corteza de los pinos, pero las llamas no alcanzan las copas de los árboles. Para promover este tipo de fuego, un pino tiene que hacer varias cosas. La primera es crear la máxima distancia posible entre el suelo y la copa. Por eso estos pinos dejan morir y caer las ramas bajas. En segundo lugar, tienen una corteza lo más gruesa posible, de 4 o 5 cm. De este modo, el exterior se chamusca, pero el tejido vivo interior queda protegido de las altas temperaturas. Y, en tercer lugar, suelen tener agujas largas. Parece que

Figura 4.22. Mapa del sur de África que muestra el Gran Escarpe (marrón y verde) y las sierras transversales al sur de este.
Fuente: Oggmus.

Jon E. Keeley (Universidad de California, Los Ángeles), un especialista en el papel ecológico del fuego (Keeley, 2012). El ejemplo más característico entre nuestros pinos es el carrasco (*Pinus halepensis*). En este caso, los pinos dejan que el fuego alcance las copas y que los destruya completamente. Por ello, este pino no se desprende de todas sus ramas muertas, que quedan bastante cerca del suelo. Su sombra es poco densa, con lo que pueden crecer hierbas y matorrales que serán un combustible excelente para el fuego. Las agujas suelen ser más cortas, lo que forma una pinocha compacta que genera fuegos más duraderos. La corteza no es muy gruesa porque ¿para qué?, si igualmente se va a quemar todo. Como consecuencia, el paisaje después del incendio de un pinar de pino carrasco es devastador. Todo negro, con una serie de restos de troncos calcinados como cirios en un entierro. Pero el pino carrasco tiene un as en la manga: las piñas serótinas. ¿Cómo?

Si paseando por nuestros parques nos fijamos en las diferencias entre el pino piñonero y el carrasco, veremos varias cosas. Las agujas del piñonero son más largas y su corteza mucho más gruesa. También notaremos que la sombra del carrasco es bastante mediocre comparada con la del piñonero. Pero veremos que el carrasco, a diferencia del piñonero, conserva muchas piñas en la copa. Las piñas del piñonero maduran, se abren,

estas forman una pinaza poco compacta que favorece fuegos rápidos y poco intensos. Además, la sombra de sus copas hace que casi no puedan crecer arbustos, de modo que el sotobosque está formado casi solamente por pinaza, que se quemará con llamas bajas.

En el segundo caso, están los pinos que "abrazan" el fuego, en palabras de

liberan los piñones y caen. Pero las del carrasco no. Algunas se abren y liberan semillas, pero muchas se mantienen cerradas a pesar de que las semillas ya estén maduras en su interior. Las escamas de estas piñas están fuertemente pegadas unas a otras por resina y permanecen varios años sin abrirse. A veces décadas. Hasta que aparece un fuego y lo destruye todo. ¿Todo? No, las piñas no se destruyen, sencillamente se funde la resina y se separan las escamas. De este modo, las semillas se dispersan sobre un terreno recién quemado y por tanto lleno de nutrientes y de posibilidades[1]. El bosque puede regenerarse de una vez. Para nosotros, que vivimos solamente unas décadas, un incendio de estas características es una catástrofe, pero los pinos pueden vivir centenares de años y estos eventos son una oportunidad de regeneración.

Hay en este tema, como en casi todos los que tienen que ver con la evolución, otra vuelta de tuerca. Y es la del pino canario (*Pinus canariensis*). Claro, teníamos que volver a las Canarias. El pino canario es el único pino autóctono de las islas y crece entre los 500 y los 2000 metros de altitud en las islas occidentales. La primera vez que visité la Corona Forestal en Tenerife, me pareció un bosque muy aburrido.

Comparado con la feracidad de la laurisilva o la variedad de especies en el bosque termófilo, el pinar es muy monótono. En Tenerife, forma una corona alrededor del Teide, más exactamente rodeando el edificio de Las Cañadas, en el que la única especie de árbol es el pino canario. Pero, más tarde, siguiendo las indicaciones de Philip y Myrtle Ashmole en su maravillosa *Natural History of Tenerife* (2016) visité el pinar en Boca del Valle, una zona cercana a la divisoria entre las vertientes norte y sur en el Bosque de la Esperanza. Tal como señalan los Ashmole, cerca de la divisoria, a unos 1500 m, el bosque recibe la humedad del mar de nubes y el pinar es húmedo. Como consecuencia, las ramas están cubiertas de líquenes (figura 4.18) y en las zonas menos densas crecen varios arbustos como *Argyranthemum adauctum*, *Cistus symphytifolius*, *Lotus campilocladus* o *Echium virescens*. A medida que la pista desciende lentamente hacia el valle de Güimar, el bosque se va volviendo más seco. Los líquenes desaparecen y el dosel se va haciendo más ralo, de modo que crecen arbustos más grandes como *Teline osirioides* y *Chamaecytisus proliferus*, que ya es un arbolito de cerca de 10 m. Finalmente, el bosque es demasiado seco para los arbustos y solamente quedan los pinos (figura 4.19). El bosque, sin cambiar la especie de árbol, se ha transformado de un bosque húmedo en un bosque seco. Seguramente, en el

continente, tendríamos dos especies de pinos, una en cada tipo de ambiente. Pero los pinos no se dispersan bien y solamente el pino canario llegó al archipiélago. El resultado es que distintas poblaciones de pino canario han desarrollado varias de las adaptaciones que veíamos en los pinos piñonero y carrasco dependiendo de la frecuencia de fuegos y de la humedad.

El pino canario (figura 4.20) tiene muchas adaptaciones al fuego, tanto frente al de superficie como al de dosel: las raíces profundas, la corteza gruesa, acículas largas, crecimiento en altura con pérdida de las ramas bajas, brotes epicórmicos e incluso piñas serótinas. José Climent (Instituto Nacional de Investigación y Tecnología Agraria y Alimentaria) y sus colaboradores estudiaron varias poblaciones de pino canario y las compararon con los distintos factores ambientales que experimentaban (Climent *et al.*, 2004). Estos autores comprobaron que las poblaciones que menos fuego habían experimentado tenían un porcentaje muy bajo de piñas serótinas (3%), mientras que este era alto en los bosques con mayor frecuencia de incendios (30%). Para comparar, el porcentaje de serotinia en el pino carrasco llega al 80%. Del mismo modo, el grosor de la corteza variaba entre 21 y 49 mm. Es decir, las distintas poblaciones se han adaptado a las diferentes frecuencias de fuegos adoptando estrategias intermedias

---

1. En este video se muestra cómo se abre una piña serótina al aumentar la temperatura, https://youtu.be/KSiqZ-Asp3c.

entre las del pino piñonero y el carrasco. Tal vez, en algunos millones de años se diferencien dos especies de pino, si es que los seres humanos los dejamos vivir en paz y las erupciones del Teide no los destruyen.

De todos modos, se puede confiar bastante en la resiliencia del pino canario (figura 4.21). Hace algún tiempo estaba en la Hoya de Morcillo, un área de recreo en medio del pinar de la isla de El Hierro. El guarda nos estaba mostrando los dos pinos emblemáticos de la zona, dos ejemplares impresionantes. El pino de la Cruz tiene unos 400 años y se eleva inclinado como la torre de Pisa hasta los 28 metros de altura. El pino gordo debe tener una edad y altura similar. De hecho, en este bosque hay bastantes pinos con este tamaño exagerado, sobresaliendo por encima de la cohorte más abundante de pinos relativamente jóvenes. Pero en 2006 un incendio lo arrasó todo, fuego de superficie y fuego de dosel a la vez. "Después del incendio todo esto parecía una reunión de postes de teléfono negros", recordaba el guarda. Ni una hoja. Sin embargo, unos 15 años después, todos los pinos han recuperado el follaje aprovechando sus adaptaciones al fuego: la corteza muy gruesa, los brotes epicórmicos, las piñas serótinas…

En cualquier caso, un factor aleatorio pero recurrente como el fuego ha generado variabilidad en las especies. Por una parte, distintos regímenes de fuego generan adaptaciones diferentes y eventualmente distintas especies. Y, por otra parte, el fuego crea una variedad de ambientes para distintos animales. De este modo, el fuego es otro elemento que genera y mantiene la diversidad en los ecosistemas.

En resumen, hemos visto que el concepto de especie es algo en principio muy claro: los individuos de una especie pueden intercambiar material genético libremente entre ellos, mientras que los de dos especies no pueden hacerlo (recuadro B). Sin embargo, en la realidad hay muchos casos intermedios en los que es posible cierto intercambio de material genético entre especies distintas. Esto se debe a que las barreras genéticas aparecen lentamente a lo largo de la evolución y muchas especies, como los pinzones de Darwin, hace poco que se separaron, por lo que las barreras reproductivas entre ellas aún no son completas. También hemos visto que hay distintos mecanismos para originar nuevas especies. La separación en el espacio, por ejemplo, en dos islas distintas o a distintas alturas de una misma isla, genera especies diferentes adaptadas a las condiciones locales. También hemos visto que las especies pueden aparecer por partición de nicho y por hibridación. Finalmente, se pueden originar especies separadas por adoptar distintas estrategias frente a factores episódicos como el fuego o las sequías. Aunque hay más mecanismos,

Figura 4.24. Representantes de las familias más abundantes y características del fynbos. A. Ericáceas, probablemente *Erica fourcadei*. B. Restionáceas. C. Estilbáceas, *Stilbe ericoides*, una familia endémica de la zona. D. Proteáceas, probablemente *Protea repens*.

creo que es suficiente para entender por qué hay tantas especies.

Hay un lugar en el que todos estos factores se han combinado para generar la mayor riqueza de plantas del mundo y no es la selva amazónica, sino el reino florístico capense (de Ciudad del Cabo, Suráfrica) (Cowlings y Richardson 1995). En una extensión muy parecida a la de Andalucía, coexisten 8600 especies de plantas, de las cuales el 67% son endémicas. El número de especies es parecido al de toda la península ibérica, que es unas seis veces y media más extensa y uno de los lugares con mayor biodiversidad de Europa. Gran Bretaña, por ejemplo, es tres veces y media más grande que el reino florístico capense, pero solamente tiene 1500 especies de plantas y únicamente el 1% son endémicas.

El primer factor que ha generado esta biodiversidad es la orografía. El sur de África está dominado por el Gran Escarpe que separa las zonas altas del interior de las zonas costeras bajas (figura 4.22). Este escarpe desciende desde Angola hacia el sur, se curva hacia el este en las provincias del Cabo y asciende hacia el norte en paralelo a la costa del Índico. Por otra parte, al sur del Cabo de Buena Esperanza se juntan las aguas de dos océanos, cada uno con sus corrientes. Esta combinación hace que la costa desde Ciudad del Cabo hasta Port Elisabeth tenga un régimen de lluvias en invierno, mientras que al este de Port Elisabeth las lluvias se producen en verano y hacia el interior las lluvias disminuyen mucho generando el ecosistema semiárido del Karoo. Además, la zona al sur del Gran Escarpe está atravesada por una serie de sierras paralelas, generando un mosaico de

D

ambientes con combinaciones muy distintas de lluvia, temperaturas, vientos y tipos de suelo (figura 4.23). Y para acabar de complicarlo, hay un régimen de fuegos bastante frecuente, pero distinto, en singular en diferentes lugares. Todos estos factores han hecho que las plantas hayan tenido ocasión de diferenciarse para adaptarse a cada combinación particular de condiciones.

La flora está dominada por tres familias: Ericáceas (627 especies),

Proteáceas (69) y Restionáceas (310) (figura 4.24), pero también es el hogar de los geranios (*Pelargonium*), uñas de gato (*Carpobrotus*) y muchas plantas bulbosas (1400 especies de geófitas) que cultivamos en nuestros jardines. Este es, pues, uno de los lugares con mayor riqueza de plantas del mundo, es decir un "punto caliente" (*hot spot*). Se considera que un punto caliente debe tener más de 1500 especies endémicas y tiene que haber experimentado una

pérdida de al menos el 70% de su vegetación original. A pesar de su pequeño tamaño y de estar alejado de los trópicos, el reino florístico del Cabo cumple sobradamente estos requisitos. En total se han definido 36 puntos calientes en todo el planeta. Por cierto, otro de los puntos calientes es la cuenca mediterránea y la Macaronesia. Por eso la flora de las Canarias nos está dando tanto juego en este libro.

La forma en que hemos descrito el *concepto biológico de especie* (dos animales pertenecen a la misma especie si al cruzarse tienen descendencia fértil) es una simplificación, adecuada para animales grandes, de la definición original. En realidad, la definición más general dice así: una especie biológica se compone de grupos de poblaciones naturales que o bien procrean, o bien podrían procrear si estuvieran en el mismo lugar y que están reproductivamente aisladas de otros grupos. En el fondo, el elemento esencial que subyace a *procrear* es el intercambio de material genético. Mientras individuos de distintas poblaciones pueden intercambiar material genético con facilidad pertenecerán a la misma especie. Si ese intercambio es difícil (como en el caballo y el asno) o poco frecuente (como entre los pinzones de Darwin), esas poblaciones están destinadas a divergir y a constituir por tanto diferentes especies.

Este concepto mira al futuro, a si dos individuos se podrán cruzar o no. Una alternativa es mirar al pasado, a los ancestros de esos dos individuos. El *concepto filogenético de especie* define a las especies como grupos de organismos que comparten un patrón de ascendencia común y que forman una única rama del árbol de la vida. En este caso, no necesitamos comprobar si pueden hibridar, lo cual facilita que el concepto se pueda aplicar a todos los seres vivos, incluso a los que no tienen reproducción sexual, como las bacterias. Lo que necesitamos es conocer la filogenia de los individuos y para ello utilizamos las secuencias de ADN.

Un inconveniente de esta definición es que no se puede aplicar a las especies extintas, a los fósiles, porque en la mayoría de los casos no podemos recuperar su ADN. En esta situación solamente podemos utilizar el *concepto morfológico de especie*, que define una especie como un conjunto de organismos con morfología similar entre sí y con diferencias morfológicas con respecto a otros conjuntos de organismos similares. Y, claro, esta definición también tiene un inconveniente. Como veremos con *Argyranthemum broussonetti* (capítulo 9, página 173), a veces la morfología se parece por convergencia, por adaptación a un mismo hábitat y no por herencia.

Hemos utilizado el ejemplo de los pinzones de Darwin para comprobar las complejidades del concepto biológico. Y el caso de *Argyranthemum* nos ha servido para ilustrar las dificultades, similitudes y diferencias entre los tres conceptos. Cada uno se fija en algunas cosas: los caracteres morfológicos, la filogenia o la capacidad de hibridar. Los tres conceptos deberían tender a coincidir, como veremos con *Argyranthemum callychrysum*, pero en muchos casos no disponemos de suficiente información.

Se han propuesto muchas más definiciones del concepto de especie, pero en la base siempre se halla la mayor o menor facilidad para el intercambio de genes. La realidad es que este intercambio no es nunca completamente promiscuo (todos pueden intercambiar genes con todos) y esto hace que existan especies separadas.

En el caso de los procariotas (bacterias y arqueas) se ha discutido muchos sobre qué era una especie. Incluso se ha negado que existieran especies. Los argumentos se basaban en que los procariotas tienen muchos mecanismos de intercambio de genes, incluso entre organismos taxonómicamente muy distantes. Un ejemplo de la facilidad con que las bacterias intercambian material genético entre ellas se produce cotidianamente en nuestros hospitales, donde distintas bacterias patógenas adquieren de otras bacterias la capacidad de resistir antibióticos.

Es decir, hay un intercambio de material genético fácil entre estas bacterias.

Sin embargo, lo que ocurre es que las bacterias tienen una parte de su genoma, el genoma nuclear, que es constante y que casi nunca se intercambia con miembros de otras especies. Y luego tienen un genoma accesorio que es muy flexible y que permite intercambios fluidos con muchas otras especies. El primero contiene los genes básicos de la replicación del ADN y la síntesis de proteínas, además de otros genes esenciales para el metabolismo básico. Estos genes son los que se utilizan para la taxonomía bacteriana como explicaremos en el recuadro E. En cambio, el genoma accesorio incluye genes que pueden ser útiles en unas condiciones concretas, por ejemplo, la resistencia a un antibiótico, pero que en otras circunstancias pueden representar una carga inútil.

Así pues, tanto en organismos grandes, como animales o plantas, como en los microorganismos, la especie la forman individuos que pueden intercambiar material genético con facilidad y que no pueden hacerlo de la misma forma con otras especies.

# 5. Por qué no tenemos una descripción de la mayoría de las especies

AHORA ya podemos entender por qué hay tantas especies. Pero hay otro problema que me intriga. Los taxónomos siguen describiendo nuevas especies a pesar de que llevamos ya tres siglos de taxonomía moderna. Naturalmente, que alguien haga una expedición al Cholpanlikamuztage, en la China profunda, y encuentre una nueva especie de planta parece plausible. También que alguien se interne en la selva amazónica y descubra una nueva especie de insecto. Pero lo que resulta extrarodinario es que alguien pueda descubrir una nueva especie de planta en las Canarias, cuando este archipiélago ha sido estudiado durante más de 200 años y es relativamente pequeño y accesible. Como hemos visto, muchos naturalistas las han visitado y estudiado. Sin embargo, descubrir especies nuevas en Canarias es lo que ha hecho Octavio Arango en los últimos años. Ha descrito cuatro nuevas especies de bejeques, dos subespecies y 22 híbridos. En el último lustro, es el único botánico que ha descrito nuevas especies de los géneros *Aeonium* y *Greenovia*. Octavio es un urólogo jubilado que sigue esa tradición de muchos médicos de convertir una afición en una segunda profesión. Como digo, que en 2018 fuera capaz de describir una nueva especie de bejeque (*Aeonium liui*) (Arango, 2019) en la península de Anaga me intrigó. Esa península está al lado tanto de Santa Cruz como de La Laguna. Es el lugar al que van a descansar, pasear, hacer pícnics y correr muchos habitantes del noreste de Tenerife. ¿Cómo es posible que todavía existan especies no descritas en un lugar tan concurrido? Para intentar responder esta pregunta hice un viaje a La Palma con Octavio. Durante una

Figura 5.1. Aspectos de La Palma.
A. Mirando al sur desde el Roque de los Muchachos, la Caldera de Taburiente y el Pico Bejenado, y la dorsal de Cumbre Nueva y Cumbre Vieja al fondo.
B. El volcán más reciente en Cumbre Vieja junto a Los Llanos de Aridane.

semana visitamos las localidades donde podrían existir nuevas poblaciones, así como las clásicas para poder comparar los individuos de unas y otras. Aprendí muchos detalles de la taxonomía de los bejeques y de las estrategias para describir nuevas especies. Confío en que ese aprendizaje nos ayude a entender por qué todavía desconocemos tantas especies.

La Palma es una isla muy montañosa, con una superficie de apenas 700 km² su máxima atura es de 2426 m en el Roque de los Muchachos (figura 5.1). Es una isla reciente de apenas dos millones de años de antigüedad con un vulcanismo muy activo. Desde que hay registros históricos ha habido por lo menos ocho episodios eruptivos, los dos últimos en Teneguía en 1971 y en Cumbre Vieja en 2021. Está llena de lomas y barrancos de laderas muy pendientes y, en general, tiene una cubierta vegetal exuberante. En este viaje nos íbamos a centrar exclusivamente en los bejeques, de los que existen 12 especies en La Palma, la mitad endémicas de esta isla (figura 5.2). Algo sorprendente para mí es que tres de estas especies endémicas se han descrito en este siglo XXI. Antes, nadie había sido capaz de reconocer esas poblaciones como especies distintas de las ya descritas. Y, de hecho, las dos últimas las describió Octavio en 2023 (Arango, 2023a). ¿Cómo lo ha hecho? Y ¿por qué no se habían reconocido antes?

Una de las formas de búsqueda de Octavio consiste en conducir muy lentamente por alguna carretera y examinar todos los márgenes y taludes (figura 5.3). Muchos están cubiertos de distintas especies de *Aeonium* y *Greenovia*. Yo los veo como algo verde pegado a un muro. Si no me paro, bajo del coche y examino cada planta con cuidado, no soy capaz de diferenciarlas. Pero Octavio enseguida las identifica y, es más, si hay alguna planta distinta enseguida le llama la atención y podemos parar para examinarla en detalle. A esto, en ornitología se le llama el *giss* (*general impresión of size and shape*). Durante la Segunda Guerra Mundial, los miembros de la RAF utilizaban este término para explicar cómo identificaban los aviones aliados y alemanes solamente viéndolos a la distancia. Los ornitólogos llevaban utilizando este término desde los años veinte del siglo pasado. Cuando se tiene experiencia, se puede identificar un ave con solo ver su silueta. El tamaño, la forma, la manera de volar… La clave es que el observador tenga interiorizada la imagen de esa ave. Entonces es muy fácil reconocer un ave poco usual, porque no encaja con las imágenes mentales de las habituales (el *giss*). El *giss* de los bejeques es lo que Octavio reconoce a distancia. Así que cuando algo se sale de lo esperado, lo detecta enseguida.

Hace unos meses, conduciendo hacia el sur de la isla detectó algunas plantas muy blanquecinas. Como siempre, las

Figura 5.2. Las 12 especies de bejeques de La Palma: A. *Greenovia diplocycla*. B. *Aeonium canariense* subsp. *palmense*. C. *Greenovia ígnea*. D. *Aeonium nobile*. E. *Aeonium hiérrense*. F. *Aeonium escobarii*. G. *Aeonium arboreun* subsp. *holochrysum*. H. *Aeonium calderense*. I. *Aeonium davidbramwellii*. J. *Aeonium sedifolium*. K. *Aeonium spathulatum*. L. *Aeonium goochiae*.

Figura 5.3. Un típico talud con poblaciones de bejeques. En este caso en El Hierro. El bejeque con flores amarillas es *Greenovia diplocycla* y las flores blancas corresponden a *Pericallis murrayii*.

Figura 5.4. Posible especie nueva, *Aeonium albifolium*, La Palma. La roseta de la derecha todavía conserva su aspecto blanquecino. La de la izquierda está más avanzada en su transición al reposo estival.

fotografió, recogió algunos esquejes para cultivarlos y tomó todos los datos que pudo. Incluso le dio un nombre provisional: *Aeonium albifolium*. Pero, claro, en invierno no habían florecido. Así que en este viaje de primavera había que comprobar si seguían allí, si seguían blanquecinos y si habían florecido. Seguían allí. Pero el color había cambiado. Ahora lucían un bonito gradiente de colores desde el blanco hasta el púrpura (figura 5.4). Casi todas las plantas crasas de las Canarias se vuelven más o menos rojizas en el verano. Esta época es de un estrés hídrico considerable y las plantas se preparan para un periodo de reposo estival. Una de las cosas que hacen es descomponer la clorofila y aumentar los carotenos rojizos para protegerse de la excesiva radiación solar. Los *albifolium* estaban haciendo justamente eso. Sin embargo, las partes basales de muchas hojas seguían teniendo un color muy blanquecino, muy distinto del verde brillante de otros bejeques (por ejemplo, los de la figura 2.7). Así que la respuesta es que seguían siendo blancas, aunque virando al rojo cobrizo. Esto ilustra por qué no es suficiente con una visita. Hay que seguir la planta al menos durante todo un ciclo anual para ver cómo va cambiando. Finalmente, también encontramos algunas plantas en flor.

Mi primera reacción fue decirle a Octavio que ahora ya podía describir una nueva especie, pero él me respondió negativamente. Tenía que volver en

invierno para comprobar si volvían a estar blancos y otra primavera para volver a observar la floración. Tenía que esperar a que los esquejes cultivados florecieran y comprobar que las plantas eran iguales que las del campo y luego sembrar las semillas y ver que fueran fértiles y que dieran lugar a una progenie uniforme (si se tratara de un híbrido, la descendencia sería heterogénea). Todas estas comprobaciones son indispensables para estar seguros de que se trata de una nueva especie. Porque también podría ser una variante de otra especie ya descrita u otro híbrido. Reunir toda esta información puede llevar hasta diez años. Así que he aquí otro motivo por el que hay tantas especies por describir: el proceso es muy lento.

Y hay otra razón: algunas especies son muy parecidas entre sí y no resulta nada fácil reconocerlas. Los bejeques de La Palma son un buen ejemplo. Durante mucho tiempo se pensó que solamente había dos bejeques no ramificados en esta isla: *Aeonium nobile* y *Aeonium hierrense* (figuras 5.2 y 5.5). El primero es tan singular que es muy fácil de identificar (figuras 5.1.C y 5.2.D). El segundo crece también en la isla de El Hierro, donde fue descrito en 1899 por Richard Paget Murray (1842-1908) en una nota corta publicada en el *Journal of Botany. British and Foreign* (Murray, 1899). Al principio, Murray pensaba que esta planta era la misma que *Aeonium percarneum* de Gran Canaria. Pero una vez que visitó la isla de El Hierro se dio cuenta de que los especímenes disecados que había examinado en el Real Jardín Botánico de Kew (Inglaterra, probablemente el jardín botánico más famoso e importante del mundo) no mostraban bien las diferencias y que el bejeque de El Hierro se merecía el estatus de nueva especie. De nuevo, vemos la importancia de examinar las plantas vivas sobre el terreno. Durante un siglo, todos los botánicos asumieron que los bejeques no ramificados de

Figura 5.6. *Aeonium calderense*, que muestra la característica ramificación verticilada.

La Palma pertenecían a la especie *hierrense* (o a *nobile*, claro). Pero en julio de 2001, Bjørn Malkmus[1], un cultivador de plantas crasas sueco, se dio algunos paseos por la isla y, como quien no quiere la cosa, describió dos especies nuevas: *Aeonium calderense* (ramificada) y *Aeonium escobarii* (no ramificada). El problema es que hizo esta descripción en "la revista de los amantes italianos de las plantas crasas", es decir una revista no científica y, aún peor, no depositó un ejemplar tipo en ningún herbario como es obligatorio (Malkmus, 2002). Por lo tanto, estas dos especies no existían formalmente, estaban en el limbo. La verdad es que hay que reconocer que Malkmus fue muy perceptivo al descubrir, tal vez buscando semillas para sus colecciones de jardín, dos nuevas especies donde nadie había visto nada distinto en décadas. Este es el aspecto clave. Cada valle tiene su población de bejeques. Si uno no se fija, parecen idénticos a los del valle anterior, especialmente si uno no ve las flores,

1. Véase www.rareplants.es.

y lo más fácil es asumir que son la misma especie. Como hemos visto al principio de este capítulo, esto de reconocer las poblaciones idénticas o diferentes es una cualidad sutil que requiere mucho entrenamiento.

Varios años más tarde, el botánico Norbert Rebmann, un amigo de Malkmus, volvió a la isla para buscar estas especies y encontró *A. escobarii* (figura 5.5.B). Rebmann depositó un espécimen en el herbario del Jardín Botánico Nacional de Bélgica e hizo una descripción apropiada (Rebmann y Malkmus-Hussein, 2013). De nuevo, en una revista de jardinería, "la revista de la asociación de los amigos del jardín exótico de Mónaco". ¿Se puede imaginar una forma más anecdótica, poco profesional y azarosa de describir una nueva especie? Uno de los resultados desafortunados de esta peripecia es que la reciente y maravillosa recopilación de flora vascular canaria de Sauerbier *et al.* (2023) no recoge ninguna de estas dos especies.

El caso de *A. calderense* todavía se demoró algunos años más, hasta que Octavio recorrió la isla y encontró poblaciones de esta especie distribuidas por el oeste, el norte y el este de La Palma y la describió apropiadamente en 2023 (Arango, 2023a). Es interesante que Malkmus la llamara *A. calderense*, porque la había encontrado en la Caldera de Taburiente. Octavio encontró plantas que podrían ser *A. calderense* en esta caldera, pero la mayoría mostraban caracteres intermedios con otra especie: *Aeonium davidbramwellii*. Así que definió como el *locus classicus* (el lugar original de la especie) un valle bajo el Mirador de los Dragos, en Puntagorda, donde todos los ejemplares muestran los caracteres claros de *A. calderense* (figura 5.6). Durante nuestro viaje, dos de las misiones de Octavio eran comprobar si había poblaciones de *A. hierrense* en La Palma (o si todos los no ramificados eran en realidad *A. escobarii*) y comprobar si algunas poblaciones del este de la isla eran o no *A. calderense*. Comprobamos que había ejemplares de *A. hierrense* por toda la isla y que esas poblaciones del este eran efectivamente de *A. calderense*.

El momento cumbre de la expedición fue el día que nos acercamos a la parte sur de la isla. Condujimos hasta la Fuente de los Roques, una de las muchas áreas recreativas en los pinares

Figura 5.8. Poblaciones de *Greenovia ignea* y *Aeonium spathulatum*, en Cumbre Vieja, La Palma.

canarios. Había magníficos ejemplares de *Echium webbii*, un tajinaste de flores azules endémico de esta isla. Octavio me previno de que teníamos una larga ascensión por delante. Comenzamos a subir pisando la pinaza hasta alcanzar la ruta de los volcanes. Esta senda recorre los 24 km por la dorsal de Cumbre Vieja, desde el Refugio del Pilar hasta el faro de Fuencaliente, pasando junto a todos los volcanes prehistóricos y recientes que han formado la parte sur de la isla: Birigoyo, San Juan, montaña de la Barquita, de los Charcos, Nambroque, Hoyo Negro, montaña del Fraile, Duraznero, La Deseada, Los Bermejos, Cabrito, Caldera de Búcaro, montaña Cabrera, volcán Martín, montaña Pelada, montaña la Semilla, de Fuego, montaña del Pino, volcán San Antonio y Teneguía. Una gran diversidad de volcanes, cráteres y calderas con vistas espectaculares a ambas costas de la isla.

Nosotros recorrimos solamente un pequeño trecho de esta senda. El pinar canario es un ambiente amable y austero al mismo tiempo (figura 5.7). No hay casi nada más que pinos y de cuando en cuando algún arbusto. Pero la

Figura 5.9. *Greenovia ígnea*, en Cumbre Vieja, La Palma.

temperatura es casi siempre templada y la sombra se agradece cuando uno camina cuesta arriba. La senda iba ascendiendo por laderas de lapilli totalmente negro. Alcanzamos la falda del volcán Martín de Tigalate, cuya erupción principal fue prehistórica, pero que tuvo una erupción reciente en 1664. Las laderas de lapilli con algunos pinos se iban sucediendo a medida que subíamos. Llegamos a la parte norte del cono volcánico. Aquí la senda de los volcanes seguía hacia el norte, pero nosotros tomamos un pequeño sendero hacia el este. Y entonces, tuvimos una revelación. Bordeamos un cráter por su lado sur. La bruma ascendía y lo cubría y descubría alternativamente de forma caprichosa. Pero en la ladera que miraba al norte veíamos claramente una población de bejeques (figura 5.8). Los tonos amarillos y rojizos de las plantas contrastaban con el negro del lapilli. Estábamos en un lugar relativamente remoto, en un paisaje volcánico excepcional y esta ladera albergaba la población principal de una nueva especie.

Aquí es donde Octavio descubrió esa nueva especie, *Greenovia ignea*, que solamente crece por encima de los 1500 m en ambientes áridos y expuestos a la radiación solar (figura 5.9) (Arango, 2023a). La planta tiene unas rosetas de colores verdes y magentas muy atractivos, y crece mezclada con otra especie bien conocida: *Aeonium spathulatum*. Puedo imaginar la emoción de Octavio la primera vez que descubrió esta población. La lenta marcha a través

del pinar, la ascensión hasta un punto remoto de la isla y el súbito descubrimiento de algo totalmente nuevo, algo que nadie había reconocido hasta ese momento. Desde que la vio, pasaron cinco años en los que Octavio tuvo que volver una y otra vez para ver cómo estaban las plantas en distintas épocas del año, hasta que florecieran y pudiera recoger las muestras necesarias para describirla. Finalmente, la descripción de esta especie se publicó en 2023. Algunas personas eran conscientes de que existían unas plantas peculiares en este volcán. Fueron las que le comunicaron a Octavio dónde estaba la población. La primera vez escogió el camino equivocado y ni siquiera pudo llegar. La segunda tuvo que caminar desde Fuencaliente, un trayecto agotador. Hasta que descubrió el área de recreo Fuente de los Roques que queda mucho más cerca. ¿Por qué no hubo ningún otro botánico que prestara atención a estas plantas antes que Octavio? La población está al lado de una de las rutas de senderismo más populares de La Palma. ¿Por qué nadie

las había reconocido? ¿Cuántas otras especies aguardan escondidas en vaguadas y barrancos de las islas?

En cualquier caso, cuando llegamos a esta población, el objetivo era otro. Según su teoría, si dos especies de bejeques coinciden en su distribución espacial y en su periodo de floración, es inevitable que hibriden. Dicho de otro modo: si dos especies de bejeques no coinciden en el espacio no van a hibridar. Y si no coinciden en los periodos de floración (por ejemplo, si una planta florece en otoño y la otra en primavera) tampoco van a hibridar. Pero si las dos crecen juntas y sus periodos de

floración coinciden, inevitablemente van a aparecer híbridos. Fijémonos en que esto es muy diferente de la hibridación que veíamos en los pinzones de Darwin y de Hawái, que era más bien esporádica. En cualquier caso, en esta zona debería haber híbridos entre *Aeonium spathulatum* y *Greenovia ignea*. Es más, en este caso se trata de un híbrido entre especies de dos géneros distintos, lo cual es todavía menos usual.

Octavio ya había localizado algunos híbridos, pero no los había encontrado florecidos (figura 5.10). Como ya ocurría en los tiempos de Lineo, sin flores no se puede determinar una

Figura 5.11. Híbrido entre *Aeonium canariense* subsp. *palmense* y *Aeonium calderense*, con las dos especies parentales cercanas.

planta. De modo que nos adentramos en el cráter en busca de los híbridos con la esperanza de encontrar alguno con flores. Las probabilidades eran bajas porque, a pesar de que la hibridación entre especies de bejeques es posible de todos con todos, se produce en un porcentaje relativamente bajo de casos. En este cráter, Octavio estimó que había unas 1000 plantas de *Greenovia ignea* y, a juzgar por los ejemplares que veíamos intercalados de ambas especies, el número de *Aeonium spathulatum* debería ser similar. Si el porcentaje de hibridación fuera el mismo que entre los pinzones de Darwin (3%), debería haber unas 30 plantas híbridas en toda la ladera del cráter, que cubre unos 3800 m². La ladera está formada por lapilli con piezas de varios centímetros de grosor, una grava negra que la hace muy inestable. Es decir, que si no queríamos desplomarnos hasta el fondo del cráter, solamente teníamos acceso a las plantas más cercanas al sendero. ¿Cuántas podrían ser?, ¿una?, ¿diez?, ¿ninguna? ¿Estaría alguna de ellas en floración?

Porque estas plantas no florecen todos los años. Pueden pasar dos, tres, seis años antes de que se decidan a florecer. Tienen un buen motivo para ser conservadoras: son monocárpicas; es decir, una vez que florecen y fructifican

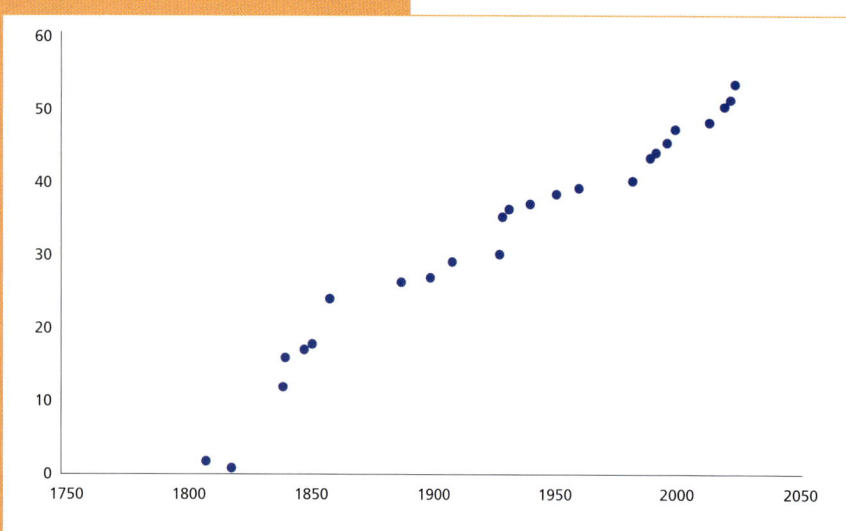

Figura 5.12. Años en los que se han descrito las especies de los géneros *Aeonium* y *Greenovia*.

mueren. Como los ágaves. Como la alianza de las espadas de plata de Hawái. Allí, algunas especies de *Wilkesia* pueden vivir hasta 50 años antes de decidirse a florecer y morir. Estas plantas crecen tranquilamente durante un tiempo para acumular suficientes reservas y, cuando toman la decisión, todos los recursos se dedican a la fructificación, de manera que las raíces y las hojas mueren. El caso es que durante los cinco años en que Octavio ha estado visitando esta población aún no ha encontrado ningún híbrido florecido. ¿Lo encontraríamos esta vez o habría que volver la primavera siguiente?

La resolución no se hizo esperar, el primer híbrido que vimos junto al camino estaba florecido. La

inflorescencia estaba algo marchita, pero Octavio creyó que si rehidrataba las flores, las podría estudiar y describir. Un poco más adelante, encontramos otro híbrido con mejores inflorescencias. La descripción de esta planta híbrida estaba asegurada (Arango, 2023b).

Estábamos en un cráter de lapilli negro, con unos cuantos pinos canarios que salpicaban de verde y amarillo el negro del suelo. La niebla ascendía por el lado este y rebosaba sobre el borde del cráter derramándose aleatoriamente sobre pinos y bejeques. Había un silencio absoluto. Una sensación de eternidad. Estas plantas llevaban aquí miles de años, probablemente millones, siguiendo su pulso con la evolución. Poco a poco, año a año, floración a floración, habían ido puliendo su dotación genética, sus adaptaciones al ambiente extremo de los volcanes, floreciendo de cuando en cuando y muriendo justo después para dar una oportunidad a las semillas de su descendencia. Millones de semillas, la inmensa mayoría de las cuales serían comidas, morirían, no podrán germinar. Pero seguramente algunas crecerían lo suficiente para llevar otra generación hacia delante en estas alturas remotas de La Palma. Y, de hecho, solamente Octavio y yo éramos conscientes del drama evolutivo que se estaba produciendo en este cráter.

La magia de ese cráter me había abducido durante todo el día. Pero en el

Figura 5.13. Barranco junto al Lomo de la Crucita, La Palma.

Restaurante La Placeta, en Santa Cruz de la Palma, después de un día correteando por los montes en busca de bejeques, la cuestión de los híbridos me seguía fastidiando (figura 5.11). Y mientras saboreaba unos raviolis de langosta realmente sabrosos y una copita de vino palmero recuperé mi actitud inquisitorial.

—A ver, Octavio, ¿a quién le importa que haya un híbrido más o menos?

Para mi sorpresa, Octavio no se inmutó, porque tenía una respuesta muy elaborada. Claro, tenía a su favor que casi todas las especies de plantas que utilizamos en nuestra alimentación son híbridas. Trigo, tomates, maíz, manzanas, zanahorias, coles, melones, pimientos, calabacines o uvas son producidos por plantas híbridas. Por lo tanto, en todo el mundo hay una investigación muy intensa para producir híbridos que se puedan explotar comercialmente, ya que tienen una importancia económica innegable.

Por otra parte, los híbridos forman parte de la biodiversidad, de forma que cumplen su función en el complejo entramado de la naturaleza, y han jugado un papel muy importante en el proceso de especiación y diversificación de la flora. Pensemos, sin ir más lejos, en la aparición de *Argyranthemum lemsii* y *sundingii* por hibridación homoploide. O en los pinzones de Darwin. No sé si

Figura 5.14. Octavio tomado notas en El Time. Al fondo se aprecia el reciente cráter de Cumbre Vieja.

por la copita de vino o por los argumentos de Octavio, me pareció que tendría que cambiar mi prejuicio en contra de los híbridos y fijarme más en su importancia.

Como ya he comentado, mi razón principal para hacer esta visita era explorar cómo es posible que en un lugar tan visitado como las Canarias se puedan seguir describiendo especies nuevas. Para poner ejemplos concretos, en la figura 5.12 se muestra como las especies de *Aeonium* y *Greenovia* conocidas se han ido acumulando en función del año en el que fueron descritas. Como veremos más adelante (figura 6.7), las descripciones deberían ir disminuyendo a medida que nuestros conocimientos mejoran. Pero no. Las descripciones de nuevas especies siguen a un ritmo similar

al que han seguido desde hace dos siglos. Tampoco se puede aducir que haya habido una falta de atención de la comunidad internacional. Entre los botánicos que han descrito esos endemismos los hay de muy diferentes nacionalidades. Entonces, ¿cómo es que todavía se siguen describiendo especies nuevas?

En ese viaje me di cuenta de algunos de los motivos. Las islas son abruptas. Hay barrancos con taludes inaccesibles (figura 5.13). Y muchas especies tienen unas áreas de distribución minúsculas. ¿Cómo saber si en el siguiente barranco hay o no una especie nueva? ¿Cuántos senderos tengo que recorrer para asegurarme de ver todos los bejeques que hay en una isla? Octavio pasa innumerables horas recorriendo el

territorio (figura 5.14). Si hay una pista, un camino, un sendero que se interna en la maleza, él lo va a explorar, de forma exhaustiva. Pero incluso con esta estrategia, quedan una multitud de hectáreas inaccesibles, barrancos abruptos que tal vez solamente se podrían explorar con drones. Y esto es en el caso de las Canarias. ¿Cuántos barrancos inexplorados hay en Australia, en Etiopía, en Mongolia? ¿Cuántas islas remotas no han sido apropiadamente estudiadas? No es de extrañar que la mayor parte de la diversidad todavía nos resulte desconocida.

Puede que este sea un capítulo anecdótico, pero creo que ilustra muy bien por qué no tenemos descritas la mayor parte de las especies. Hay demasiados lugares de difícil acceso, hay demasiadas poblaciones que habría que examinar detalladamente, hacer una descripción lleva mucho tiempo y no hay suficientes botánicos para realizar ese trabajo. Y, por otra parte, hay una gran confusión en las descripciones tradicionales de muchas especies. Poner orden parece una tarea descomunal.

# 6. Contando cuántas especies hay

SE podría pensar que la noche en un bosque tropical de Costa Rica sería silenciosa. Pero no. Pueden oírse al menos seis o siete anfibios distintos y de cuando en cuando el lamento de algún ave nocturna o el grito desgarrador del urutaú (*Nyctibius grandis*). Pero lo más sorprendente es el número de polillas y otros insectos que reposan sobre un trozo de lona blanca iluminado por una lámpara de luz negra (figura 6.1). Desde que comenzamos este *tour* nocturno en la Estación Biológica Las Cruces, en la vertiente del Pacífico de Costa Rica, Ariadna me ha mostrado ranitas escondidas dentro de los tanques de las bromeliáceas, arañas suspendidas en el aire, katídidos (*Tettigoniidae*) ocultos bajo las hojas, pequeños pájaros escondidos en un arbusto con el plumaje ahuecado para protegerse del frío. Pobrecillos, tan diminutos y solitarios,

confiando en que ningún depredador los localice. Pero hasta que hemos llegado a esta trampa no habíamos visto ni una sola polilla, a pesar de que obviamente hay muchas. Claro, como su nombre indica, la trampa para polillas hace trampa. Juega con el instinto de los insectos nocturnos de acercarse a la luz. La luz negra es en realidad radiación ultravioleta con algo de visible. La mayoría de los insectos la encuentra irresistible y ahora reposan adheridos a la lona delante de nosotros (figura 6.2). Algunas polillas tienen el tamaño de una mano abierta y otras son diminutas. La mayoría tienen colores entre el negro, el pardo y el beige, pero con formas de alas y diseños muy distintos. Incluso yo, que no tengo ni idea de entomología, veo que la diversidad es muy alta. Ariadna me dice que hay, al menos, 50 especies. Lo creo. Me parece maravilloso que

Figura 6.1. Trampa para insectos en Rancho Naturalista, Costa Rica. Es tan sencilla como una lámpara de luz negra y una tela blanca extendida en un bastidor.

todos estos seres vivos estuvieran pululando por la selva sin que nosotros fuéramos conscientes. Y gracias a una sencilla trampa, esos habitantes de la noche se manifiestan. Los podemos contar. Los podemos identificar. ¿Cuántas especies de insectos hay en esta selva? ¿Cuántas hay en el mundo?

Los insectos son el grupo de animales más diverso y por eso muchos

Figura 6.2. Algunas polillas atraídas por una trampa en Costa Rica.

investigadores se han hecho estas mismas preguntas. Para responderlas hay varios problemas. En primer lugar, es probable que no todos los insectos nocturnos acaben en nuestras trampas de luz negra. ¿Cuántos se nos escapan? En segundo lugar, ¿qué tipo de trampa tenemos que utilizar para los diurnos? Se han probado diferentes diseños. Algunos utilizan feromonas, pero claramente solo son efectivos con las especies que utilizan esas feromonas concretas. Otras utilizan descargas eléctricas, como esos instrumentos que encontramos en las terrazas de nuestros bares en verano. La lámpara ultravioleta atrae a los insectos y una resistencia los fríe. Las trampas de Malaise (el entomólogo sueco que las inventó) sirven para los insectos que cuando chocan con una superficie tienden a desplazarse hacia arriba, como moscas y abejas.

Figura 6.3. Terry Erwin mostrando sus colecciones de coleópteros.
Fotografía: Zookeys.

A finales de los años setenta del siglo XX, Terry L. Erwin (1940-2020) (figura 6.3) estaba en uno de los bosques tropicales de la zona del canal de Panamá. Era al amanecer y estaba bajo un ejemplar de guácimo colorado (*Luehea seemannii*), un árbol de unos 30 metros de altura. En esas primeras horas de luz no suele haber ninguna brisa y esa quietud era lo que necesitaba para recolectar eficazmente los insectos que vivían en el guácimo. Empuñando una especie de lanzallamas (denominado Dynafooger, el nebulizador de Dyna), empezó a gasear el árbol con insecticida (figura 6.4). La nube de insecticida penetraba entre el follaje y alcanzaba hasta los últimos recodos de la corteza. Una técnica decididamente brutal. Casi inmediatamente empezó la lluvia de hormigas, los primeros insectos en sucumbir. Durante los siguientes 45 minutos fueron cayendo los escarabajos, saltamontes y hasta 20 grupos de insectos y otros artrópodos. Los insectos quedaban aturdidos y caían. Incluso, muchos de los que estaban escondidos en la corteza o dentro de los tanques de bromelias sucumbían después de que el insecticida les hiciera sufrir espasmos que los sacaban de sus escondrijos. Erwin solamente tenía que colocar bandejas de tamaño conocido bajo el árbol y recoger los insectos. Como conocía la superficie de las bandejas y la total bajo la copa del árbol, podía calcular cuántos insectos habían caído de todo el árbol. Por

supuesto, existía la dificultad de que pudiera haber insectos resistentes al insecticida o que se quedaran pegaditos a la corteza o a las hojas y no los viera, o que tuvieran tiempo y fuerza para irse volando a otra parte.

Pero de momento no nos vamos a preocupar por estas "minucias". Porque el gran problema que tenemos a continuación es clasificar todos los insectos que hemos recogido. Terry Erwin recogió 7712 coleópteros de 19 árboles de guácimo colorado. La primera parte del análisis consistía en separarlos en grupos según sus caracteres morfológicos. Pero luego había que identificarlos hasta el nivel de especie. Tal vez, contando el número de pelos en un artejo de la pata trasera. Una tarea

descomunal. Erwin y su estudiante Janice Scott analizaron solamente los coleópteros, que eran su especialidad y determinaron unas 1000 especies de coleópteros en sus muestras (Erwin y Scott, 1980). Algún tiempo después, el botánico Peter H. Raven (Jardín Botánico de Missouri) le preguntó a Erwin por el número de especies existentens en un bosque tropical rico. Erwin entonces estimó que, de entre las 1000 especies de coleópteros encontradas, 163 eran específicas del guácimo colorado. Es decir, solamente podían vivir en esta especie de árbol y en ninguna otra. Después estimó que en una hectárea de bosque tropical hay por lo menos 70 especies de árboles distintos. De manera que el número de

Figura 6.5. Mariposas de la colección Esteban Durán, procedentes de Costa Rica y la Guayana Francesa. La mayoría de la derecha son diurnas incluyendo tres ejemplares del género *Morpho*. La mayoría de la izquierda son nocturnas. El lector puede buscar los cinco ejemplares que no son lepidópteros en la colección de entomología del Museo Nacional de Ciencias Naturales.
Fotografía: Mercedes París.

especies específicas de todos los árboles era de 11 410 (163 × 70). Si a estas se les añadían las no específicas, resultaba que una hectárea de bosque tropical tenía 12 448 especies de coleópteros. Pero aquí no acaba el cálculo. Porque los coleópteros son solamente el 40% de todos los artrópodos y todos estos artrópodos son solamente los del dosel del bosque. Hay que añadirles los del suelo. Después de estos cálculos, Erwin llegó a la conclusión de que en una hectárea de bosque tropical de Panamá había más de 41 000 especies de artrópodos (Erwin, 1995). Y, sobre todo, dado que se estima que en los bosques tropicales del mundo hay unas 50 000 especies de árboles, el número total de especies de artrópodos en los trópicos ¡sería cercano a los 30 millones!

Como solamente se han descrito cerca de un millón de especies de insectos, la inmensa mayoría todavía nos serían desconocidas. Lógicamente, la publicación de estos cálculos en 1982 causó un gran revuelo. El propio Erwin escribió unos años más tarde: "Determinar el número de especies hoy en día es como intentar alcanzar las estrellas; con los datos disponibles, no hay manera ni siquiera de tener una estimación razonablemente cercana".

El método de Erwin para contar especies es solo uno de los que se han utilizado. Pero hay muchos otros métodos. Uno de ellos se basa en la relación que existe entre el tamaño de los seres vivos y el número de especies. Hay muy pocas especies grandes, del tamaño de una ballena o de un elefante. En cambio, hay muchas especies de mariposas (figura 6.5). El ecólogo Robert M. May, que ya mencionamos en el capítulo 1, intentó utilizar esta relación para hacer una estimación del número total de especies de animales (May, 1988). La figura 6.6 muestra esta relación para todos los animales terrestres. Hay varias cosas que hay que considerar. En primer lugar, hay que fijarse en que ambos ejes tienen escalas logarítmicas. En el eje $x$, el número 4 indica que la longitud del animal en esta categoría es 10 000 mm (un 1 seguido de 4 ceros), es decir, 10 m. En esta categoría estarían los animales terrestres que midieran cerca de 10 m de longitud. Aquí solamente tendríamos a los elefantes y rinocerontes, que miden hasta unos 6 m de longitud. Como se ve en el eje $y$, el número de especies de este tamaño es menor de 10. Si vamos a la categoría entre 0,5 y 1, tendríamos a los animales que miden entre 3 y 10 mm. Aquí tendríamos a una buena parte de insectos. Como se ve en el eje $y$, el número de especies es próximo al millón, que es más o menos el número de especies descritas de insectos. Cuando descendemos a valores de longitud más pequeños, el número de especies disminuye. May afirmaba que esto se debía a que cuanto más pequeños son los seres vivos, peor es el conocimiento

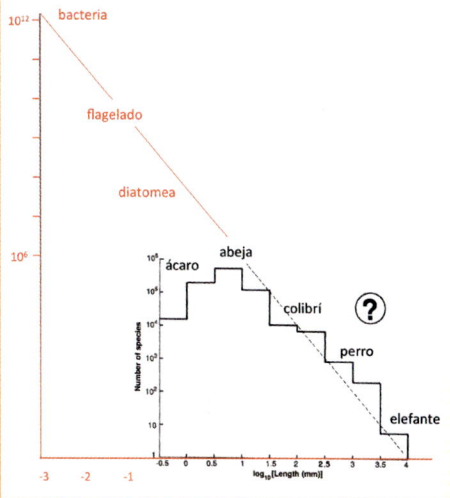

Figura 6.6. Estimación del número de especies en función de su tamaño. La parte en negro es la estimación de May (1988) para los animales, mientras que la parte en rojo es mi extrapolación hasta el tamaño de las bacterias. Ambos ejes están en escala logarítmica.

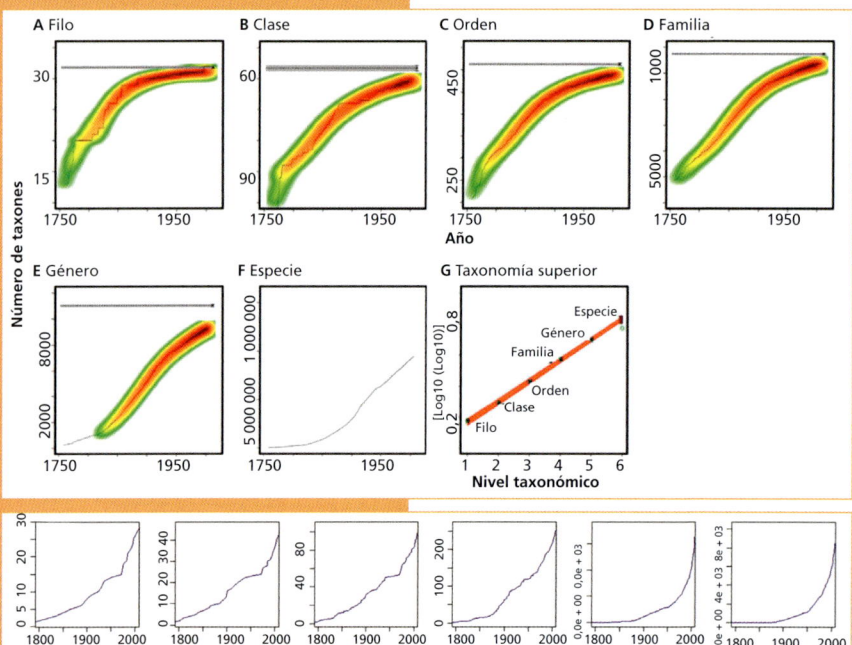

Figura 6.7. A-F. Estimación del número de taxones de animales en función del número de nuevas descripciones con el tiempo. Parece que los filos ya están todos descubiertos, pero a nivel de especies el aumento continúa siendo lineal. G. Extrapolación cuando se asume que el aumento del número de taxones es proporcional al nivel taxonómico. H. Acumulación de nuevos taxones en el caso de las bacterias. De izquierda a derecha: filos, clases, órdenes, familias, géneros y especies

Fuente: Mora *et al.* (2011), © Revista PLOS Biology.

estos tamaños tan pequeños de bacterias, el número de especies sería de un billón, un millón de millones. Claro, esta extrapolación es muy arriesgada, porque hay demasiadas incertidumbres, pero es bueno recordarla para los próximos capítulos.

Otra aproximación consiste en contar cuantas nuevas especies se van descubriendo. En el caso de grupos bien conocidos como los mamíferos, el número de especies que se describen cada año va disminuyendo con el tiempo y se puede estimar cuando se llegará al punto de cero descripciones por año. Konrad Dolphin y Donald L. J. Quicke (2001) hicieron este ejercicio y llegaron a la conclusión de que el número de especies de insectos debería estar entre los 2 y los 3,4 millones de especies. Este número es mucho menor que el de Erwin, pero sigue siendo mucho mayor que el de las especies descritas hasta ahora.

Camilo Mora y colaboradores (2011) aprovecharon este mismo método, pero con "todos" los seres vivos y no solo con los insectos. Estos autores comenzaron por vaciar bases de datos de especies. Concretamente, el *Catalogue of life*[1] y *The World's Register of Marine Species*[2]. En primer lugar, tuvieron que eliminar duplicaciones e inconsistencias. Por ejemplo, las algas diatomeas aparecían

que tenemos de ellos y que, por eso, la relación solamente se mantenía hasta ese valor máximo de los insectos. Si tuviéramos una buena taxonomía de los animales pequeños, argumentaba May, la relación seguiría aumentando con la misma pendiente de la línea punteada. ¿Qué animales tendríamos en la categoría más pequeña de la figura? Pues los que midan entre 0,3 y 1 mm. En esta categoría tenemos una infinidad de animales como los ácaros y muchos insectos. El tema es que las bacterias estarían en la categoría de –2,5 a –3, que ni siquiera aparece en el gráfico. Si extrapoláramos la recta punteada hasta

1. Véase www.sp2000.org.

2. Véase www.marinespecies.org.

como plantas en algún lugar y como Chromista en otro. En los próximos capítulos clarificaremos este tema de los grandes grupos de organismos. Pero, de momento, nos basta con que los autores intentaron purgar su base de datos de modo que fuera consistente y sin duplicaciones. Y, a continuación, representaron la acumulación de nuevos taxones a lo largo del tiempo. Examinemos el caso de los taxones a nivel de filo en animales (figura 6.7.A). Este nivel es el nivel taxonómico superior para animales. Por ejemplo, peces, aves o mamíferos se hallan en el filo Chordata. Las almejas, en cambio, están en el filo Mollusca. En la figura correspondiente a filo se ha representado cómo iba aumentando el número de filos de animales descritos a medida que avanzaba la biología. Como el libro fundacional de la taxonomía moderna (el *Systema Naturae*, de Lineo) se publicó en 1735, los autores comenzaron el gráfico más o menos en ese momento. Y al otro lado, el gráfico acaba un poco después del año 2000, ya que Mora y colaboradores publicaron su artículo en 2011. Como se ve, el ritmo de descripción de nuevos filos fue muy alto hasta 1850 más o menos, pero a partir de ese momento se ralentizó y puede decirse que desde 1950 casi no se han descrito nuevos filos. Esto se debe a que nuestro conocimiento de los animales es cada vez mejor y ha llegado un momento en el que ya es muy difícil

descubrir nuevos filos. Los conocemos prácticamente todos. Aprovechando esta curva, estos autores estimaron que el número total de filos existentes sería de algo más de 30. Como tenemos 31 filos de animales descritos, podemos estar bastante satisfechos. Podemos decir que, a nivel de filo, tenemos un amplio conocimiento de la diversidad de los animales.

Pero ¿qué ocurre cuando bajamos el nivel taxonómico a clase, orden, familia, género y especie? Es evidente que cuanto más bajo es el nivel taxonómico mayor es nuestra ignorancia. En el caso de las especies, nuestro conocimiento resulta irrisorio (figura 6.7.F). Este tipo de gráfica es el mismo que vimos en los bejeques del capítulo anterior (figura 5.12). Mora y colaboradores ni siquiera han podido extrapolar, porque el ritmo de descripciones no se ha enlentecido. ¡Sigue igual desde hace 150 años! En este punto, los autores deciden representar el número estimado de taxones a cada nivel. Como se ve en la figura 6.8.G, este número aumenta a medida que disminuye el nivel taxonómico. Los autores sencillamente añaden el nivel de especie y extrapolan la recta que han obtenido con los demás niveles taxonómicos.

Recordemos que hemos hecho este ejercicio solamente para los animales. Ahora tenemos que hacerlo para los demás seres vivos y al final llegamos a la gran cifra global. Según estos cálculos, el

número probable de especies con los que compartimos la Tierra es de unos 8,7 millones. Como el número de especies descritas es de aproximadamente 1,8 millones, resulta que, de nuevo, la mayor parte de la diversidad nos resulta desconocida. Mora y colaboradores hicieron un último cálculo. Consideraron el ritmo actual de descripción de nuevas especies (6200 por año), el número medio de especies descritas por cada taxónomo a lo largo de su carrera (25 especies por taxónomo) y el coste medio de cada descripción (45 000 euros por especie). Asumiendo que estas cifras fueran razonables y se fueran a mantener en el tiempo, calcularon que describir las especies que faltan llevaría 1200 años y requeriría 303 000 taxónomos con un coste de 335 000 millones de euros. Es más, dado el ritmo acelerado al que las especies se están extinguiendo, la mayoría desaparecerán antes de que podamos describirlas. Deprimente.

Aquí solamente hemos analizado cuatro estudios, pero desde el siglo XIX se han hecho muchos intentos para determinar el número de especies de seres vivos. García-Robledo *et al.* (2019) organizaron las distintas aproximaciones en tres categorías: proporciones de diversidad, macroecología y experiencia de expertos. La aproximación de Erwin es un ejemplo de proporciones de diversidad, ya que utilizaba la proporción de coleópteros respecto a

Figura 6.8. Ejemplos de insectos de los seis órdenes con mayor número de especies: A. Coleópteros (*Circellium bacchus*), en Sudáfrica. B. Himenópteros (hormiga y avispa), en Iguazú. C. Dipteros (*Tachina canariensis*), en El Hierro. D. Hemípteros (*Graphosoma interruptum*), en Gran Canaria. E. Ortópteros(*Copiphora rhinoceros*), en Costa Rica. F. Lepidópteros (*Vanessa vulcania*), en Tenerife.

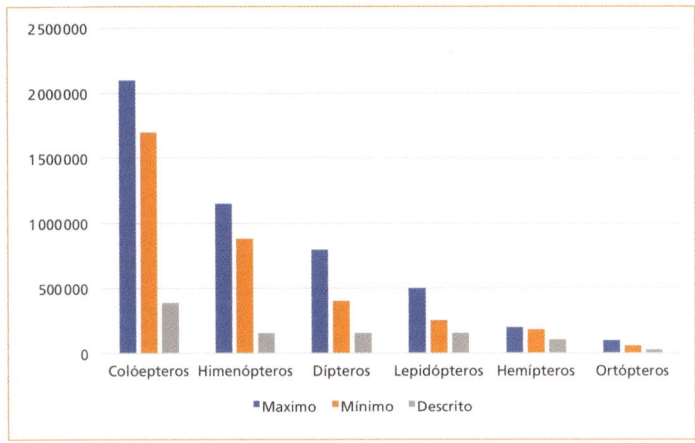

Figura 6.9. Estimación del número de especies de insectos de los órdenes más abundantes. Se da un rango entre el máximo y el mínimo estimados. En gris el número de especies descritas.
Fuente: García-Robledo *et al.* (2020).

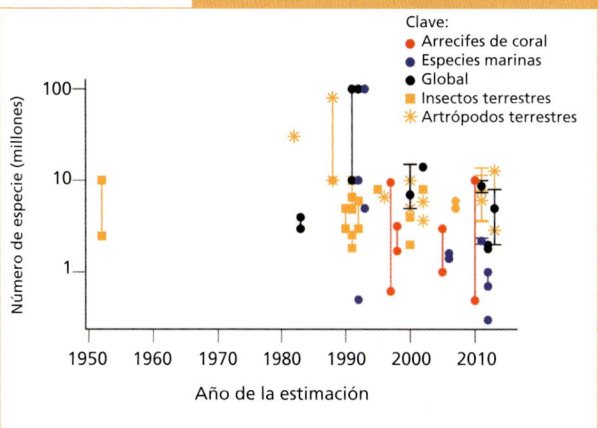

Figura 6.10. Estimaciones del número de especies realizadas por distintos autores con diferentes métodos desde 1950 hasta 2012. La escala vertical es logarítmica.
Fuente: Adaptado de Caley *et al.* (2014).

todos los insectos, la de insectos respecto a los artrópodos y así sucesivamente. La ventaja de este método es que cada una de esas proporciones entre diversidades de distintos grupos se pueden ir perfeccionando a medida que avanzamos en la descripción de los seres vivos.

La aproximación de May cae dentro de las de macroecología. En este caso se tienen en cuenta relaciones que se suponen "universales", como la que él utilizó entre el tamaño de los organismos y el número de especies. Este tipo de aproximaciones tiene la ventaja de que las relaciones utilizadas en principio abarcan a todos los seres vivos. El inconveniente es que no tenemos del todo claro que sean verdaderamente universales.

Finalmente, el estudio de Mora y colaboradores encaja en las aproximaciones basadas en la experiencia de los expertos, porque el número de especies, géneros, etc., descritos depende de los conocimientos que los taxónomos hayan acumulado hasta ese momento. Aquí el problema es que, como hemos visto, los taxónomos están muy lejos de acercarse a una descripción fiable de todos los seres vivos. García-Robledo y colaboradores también hicieron estimaciones del número de especies de los órdenes de insectos más diversos y las compararon con las especies descritas. El resultado fue desalentador (figuras 6.8 y 6.9). Como resulta aparente, desconocemos la mayor parte de la diversidad de los insectos.

Ahora nos deberíamos plantear si todos estos métodos realizan estimaciones que se aproximan entre sí. En principio, a medida que avanzan nuestros conocimientos, los cálculos deberían acercarse entre sí hasta converger en el valor real. Caley y colaboradores hicieron un repaso de todas estas estimaciones en 2014 y concluyeron que no se estaban aproximando.

Las diferencias entre unas y otras son tan grandes ahora como hace 50 años (figura 6.10). De nuevo, queda claro que seguimos desconociendo la mayor parte de la diversidad de los seres vivos.

Y, para colmo, tengo otra mala noticia. Estas estimaciones son vagamente razonables para los seres vivos mejor conocidos: los animales y las plantas terrestres. Pero son completamente descabelladas para los microorganismos, los seres más abundantes, más diversos y que han existido durante toda la historia de la vida sobre la Tierra (más de 3500 millones de años), no solamente los últimos 500 millones de años como animales y plantas. ¿Qué hacemos? ¿Abandonamos? ¡De ninguna manera! Lo vamos a intentar en próximos capítulos.

# 7. Los microorganismos

DESDE la Cumbrecita, en la Isla de La Palma, se tiene una vista espléndida de la Caldera de Taburiente (figura 7.1). Las dimensiones descomunales de la hondonada se aprecian mejor desde aquí, a media altura. Desde el Roque de los Muchachos, en la parte superior, todo se pierde en la lejanía y desde el barranco de las Angustias, en la parte inferior, las paredes y el bosque no dejan apreciar la perspectiva. Pero desde la Cumbrecita uno tiene media caldera hacia abajo y otra media hacia arriba. El pinar lo cubre casi todo con sus hojas entre verdes y amarillas, dejando solamente las cimas sin vegetación. Una visión con rayos X e infrarrojos serviría para descubrir los endemismos que crecen bajo el pinar; la telescópica, para apreciar en detalle las estructuras geológicas que revelan una violencia telúrica inmovilizada; y la microscópica, la que más nos interesa en este libro, para ver todos los pequeños seres vivos que resultan invisibles a los ojos.

Cada acícula de pino está recubierta de hongos y bacterias, la corteza de los pinos tiene también sus poblaciones microbianas, el suelo de un bosque tiene unos 40 millones de células procariotas por gramo y en suelo de praderas o de cultivos alcanzan los ¡2000 millones! Otros suelos tienen unos 10 millones de células bacterianas por cada centímetro cuadrado, un dato que no habíamos tenido en cuenta en los capítulos anteriores. Solamente nos habíamos fijado en animales y plantas. Pero habíamos ignorado los microorganismos. Porque no se ven. De hecho, el mundo está lleno de cosas que no vemos: las ondas de radio, los infrarrojos, los ultravioleta…, la mayor parte de las ondas electromagnéticas nos resultan

Figura 7.1. Vista de la Caldera de Taburiente desde la Cumbrecita, La Palma.

invisibles. Solo vemos una pequeñísima parte del espectro electromagnético, del rojo al violeta. Nada más. Y, sin embargo, una gran cantidad de las cosas importantes en el universo, por no decir la mayoría, suceden en esa zona ciega para nosotros y los microorganismos son uno de los mejores ejemplos. Por eso en este paisaje solamente vemos los pinos.

Por definición, un microorganismo es un ser vivo que no se ve a simple vista. Así que durante la mayor parte de la historia de la humanidad, no fuimos conscientes de que existían. A finales del siglo XVII, Antoni van Leeuwenhoek (1632-1723) los descubrió (figura 7.2). Leeuwenhoek era un comerciante de telas en Delft (Países Bajos) y, por tanto, estaba acostumbrado a utilizar lentes de aumento para analizar tejidos, contar el número de hilos por centímetro, ver la textura de la trama y la urdimbre. Estas lentes apenas tenían tres aumentos. Leeuwenhoek, en lugar de aceptar esta situación y seguir con sus negocios de telas, dedicó sus esfuerzos a mejorar esas lentes. En algunos años consiguió lentes que aumentaban entre 200 y 300 veces, dos órdenes de magnitud más que las lentes primitivas. Siempre mantuvo en secreto cómo pulía sus lentes y nadie pudo fabricar lentes de igual potencia durante siglos. Mientras vivió, se dedicó a mirar con sus microscopios todo lo que se le ponía por delante: el agua de una charca, el sarro dental, el aguijón de una abeja, la madera de un fresno o el esperma humano. Pero el descubrimiento más importante fue el de los microorganismos. *Animálculos*, como se los llamaba. Seguramente, si hubieran sido inmóviles, no habría podido distinguirlos de partículas de polvo, pero el caso era que estos animálculos se movían, tenían que estar vivos. Y hasta ese momento de la historia, la humanidad había sido totalmente inconsciente de su existencia. Los seres humanos habíamos aprovechado los microbiomas en beneficio propio, por ejemplo, para fabricar el yogurt, el kéfir, el pan, la

cerveza, el vino, el chucrut y uno de los ingredientes fundamentales de la gastronomía romana: el *garum*. Pero sin tener ni la más remota idea de que esos productos se los debíamos a unos seres invisibles.

A pesar de ser invisibles, cuando muchos microorganismos se juntan, llegan a ser aparentes. Esto suele suceder en ambientes extremos, en los que los demás seres vivos no pueden vivir y los depredadores los dejan en paz. Por ejemplo, están los cristalizadores de las salinas o las fuentes termales. En las salinas destinadas a la producción de cloruro sódico, el agua de mar se deja evaporar en pozas sucesivas. A medida que la salinidad va aumentando, las condiciones se hacen más extremas y solamente algunos microorganismos especializados, los extremófilos, pueden vivir. Como los depredadores no son capaces de crecer a altas salinidades, las bacterias y arqueas pueden reproducirse y llegar a ser 100 millones en un mililitro de salmuera. Como tienen pigmentos rojos para protegerse del exceso de radiación solar, tiñen el agua de este color y se hacen visibles (figura 7.3). El lector puede visitar salinas espectaculares en el delta del Ebro, en Alicante, en Cádiz o en las Canarias. Algunos de estos microorganismos tienen una morfología singular. Son como un sello, cuadrados y muy delgados (figura 7.4). Estos se identificaron por primera vez en las salinas de Santa Pola en Alicante, donde

mis colegas Francisco Rodríguez Valera (Universidad Miguel Hernández) y Josefa Antón (Universidad de Alicante) llevan muchos años haciendo descubrimientos sorprendentes. El microorganismo cuadrado es una arquea y se llama *Haloquadratum walsbyi*. *Halo-*, porque se trata de un microorganismo halófilo; *-quadratum*, por su forma; y *walsbyi*, en honor de Anthony E. Walsby (Universidad de Bristol), el microbiólogo que describió la presencia de estas arqueas por primera vez. En lugar de pensar que

se trataba de cristales de sal, fue capaz de reconocer que eran microorganismos. Muchos años después los microbiólogos alicantinos pudieron aislarla en cultivo puro e identificarla.

Lo mismo ocurre en las fuentes termales. En muchas de ellas, el agua mana hirviendo y muy pocos seres vivos pueden crecer en ellas, solamente algunas arqueas. A medida que el agua se va enfriando empiezan a crecer más microorganismos, como *Chloroflexus*, que forma tapetes microbianos de color naranja, y a menores temperaturas, cianobacterias, que forman tapetes de color verde. En la figura 7.5 se puede ver esta sucesión en un geiser en la zona de El Tatio, en el norte de Chile, que es el campo de géiseres más grande del hemisferio sur. Y en la figura 7.6 se muestra uno de los microorganismos de esos tapetes microbianos. El lector puede estar interesado en saber que la PCR (la reacción en cadena de la polimerasa que veremos en más detalle en el capítulo 9) es posible gracias a los microorganismos de las fuentes termales.

Sin embargo, en la mayor parte de nuestro planeta, los microorganismos no son visibles, como en la Cumbrecita, pero son igualmente esenciales. Un ejemplo que nos afecta casi tan directamente como los alimentos es el de la microbiota humana. Como en casi todos los casos que involucran microorganismos, no éramos conscientes de su importancia hasta hace unas pocas décadas. Toda nuestra piel está recubierta de bacterias y levaduras. Estos microorganismos nos dan nuestro aroma corporal particular. Como este aroma tiene mucho que ver con el atractivo sexual, resulta que quien nos resulta atractivo y quien no depende en buena parte de nuestras bacterias. El tubo digestivo, desde la boca hasta el ano es, en realidad, exterior al cuerpo y, por lo tanto, está repleto de bacterias, en la dentadura, en la cavidad bucal, en el estómago y sobre todo en el intestino. Nuestro intestino es un ecosistema en el

que habitan cerca de 40 billones de células que pertenecen a centenares de especies distintas. Su papel en una buena digestión es fundamental. Pero lo más sorprendente es que también afectan a nuestro cerebro a través de la síntesis de algunas sustancias que actúan como neurotransmisores. El resultado es que, como decía la bióloga Lynn Margulis (1938-2011), los seres humanos no somos individuos, somos comunidades microbianas ambulantes.

Otro buen ejemplo es el océano, que cubre tres cuartas partes de la superficie del planeta y que tiene una profundidad media de unos 3800 metros. Es decir, se trata del mayor ecosistema del mundo. La cantidad de clorofila en la superficie del océano se puede medir desde satélites (figura 1.3), pero si miramos esta superficie desde la costa o desde un barco, raramente llegaremos a ver una cierta tonalidad verdosa. Solamente en lugares en los que haya una gran cantidad de clorofila. Aunque invisibles, los microorganismos marinos que realizan la fotosíntesis (algas y cianobacterias) son la base de todas las redes tróficas marinas (figura 7.7). Es decir, toda nuestra pesca se alimenta directa o indirectamente de organismos que se alimentan de esos microorganismos. Sin estos últimos no habría vida en el mar. En la figura 7.8 he seleccionado cuatro animales bien visibles, espectaculares diría yo, que dependen de esa fotosíntesis microbiana

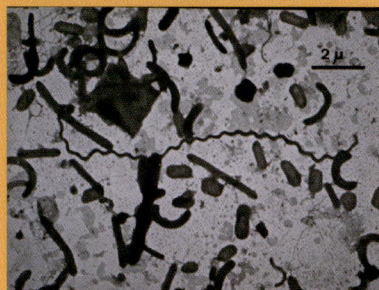

Figura 7.4. Comunidad de un cristalizador en las salinas de Santa Pola, Alicante, vista a través del microscopio electrónico de transmisión. Las arqueas con forma de sello son *Haloquadratum* y las salchichas son bacterias *Salinibacter ruber*. El filamento espiral es una espiroqueta.
Fuente: Núria Guixa y Carlos Pedrós-Alió.

Figura 7.5. Tapetes microbianos en las fuentes termales de El Tatio, Chile. Los colores rojizos se deben sobre todo a *Chloroflexus* y los verdes a cianobacterias.

para sobrevivir. El pingüino del Cabo está oteando el Atlántico sur, decidiendo cuándo se adentrará en él para capturar crustáceos y anchoas relativamente cerca de la costa. Los lobos marinos han llegado a la playa de Punta Loma, en la Patagonia argentina, para dar a luz y aparearse. Cuando vuelvan al mar para alimentarse, se alejarán miles de kilómetros y bucearán hasta los 2000 m de profundidad para atrapar peces. Los zarapitos no se adentran en el mar, solamente capturan los invertebrados en la playa y entre las olas. Los albatros, en cambio, pueden navegar miles de kilómetros en torno al océano Antártico durante meses buscando calamares y peces. Todos ellos necesitan los alimentos del mar para vivir y la tierra solamente para reproducirse. Sin los invisibles microorganismos tampoco veríamos a estas aves y mamíferos. Y, además de ser la base de todas las redes tróficas marinas, los microorganismos fotosintéticos producen la mitad del oxígeno que la biosfera libera a la atmósfera. La otra mitad la liberan las plantas terrestres. Sin esos microorganismos, la concentración de oxígeno en la atmósfera sería mucho menor y muchas especies se acabarían extinguiendo, probablemente incluyéndonos a nosotros.

Otra función microbiana esencial es la fijación de nitrógeno. Todos los seres vivos necesitamos nitrógeno para fabricar nuestras proteínas y ácidos

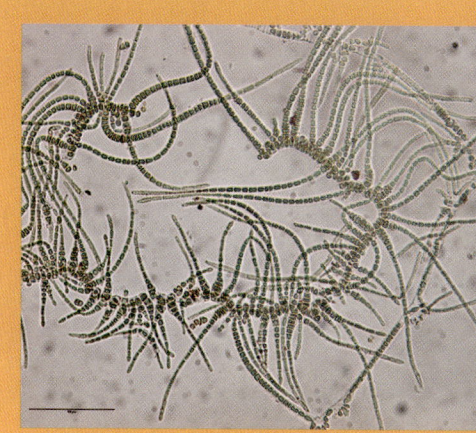

Figura 7.6. *Fischerella termalis*, cianobacteria aislada de la fuente termal de Porcelana, Patagonia chilena.
Fuente: Jaime Alcorta y Beatriz Díez (Pontificia Universidad Católica de Chile).

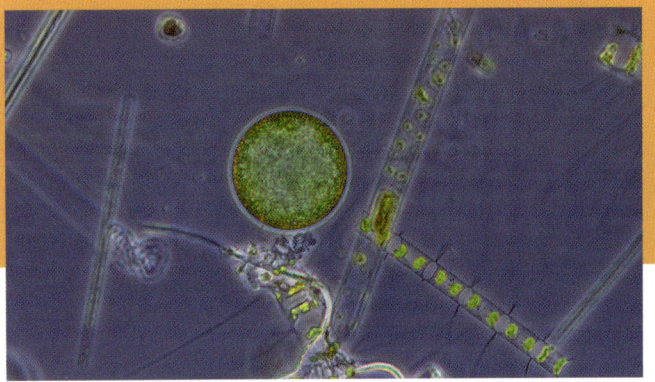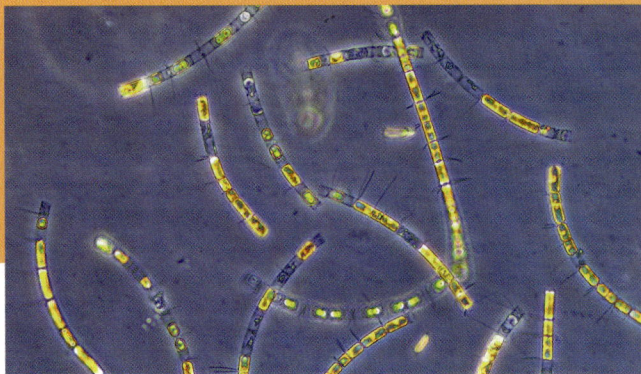

Figura 7.7. Fitoplancton marino, fundamentalmente diatomeas, a través del microscopio óptico.
Fuente: Albert Calbet.

nucleicos. Y la atmósfera tiene un 80% de nitrógeno. El nitrógeno de la atmósfera se halla en forma de gas nitrógeno ($N_2$). Y la inmensa mayoría de los seres vivos, incluyendo todos los animales y plantas, y casi todos los microorganismos, somos incapaces de usarlo. Necesitamos el nitrógeno en forma de amonio o de nitrato y los únicos seres vivos capaces de convertir el gas nitrógeno en amonio son algunos grupos de bacterias, de modo que sin ellas nos moriríamos en poco tiempo por falta de nitrógeno. Algunas plantas, como las legumbres, han llegado a un acuerdo con algunas de estas bacterias y han formado una relación de mutualismo. Las plantas alojan a estas bacterias en unos orgánulos especiales en sus raíces y les proporcionan alimentos. A cambio, las bacterias toman el nitrógeno atmosférico y lo convierten en amonio que las plantas pueden utilizar.

Por eso, la rotación de cosechas entre cereales y legumbres fertiliza el suelo y mantiene la productividad.

Volvamos a la Cumbrecita. Desde la cima del Roque de los Muchachos a 2400 m de altitud hasta el barranco más profundo solamente hay una especie de árbol: el pino canario. Cada pino puede tener unos 50 millones de acículas. En algunos árboles se ha comprobado que cada hoja puede tener unas 400 especies de bacterias. Es decir, en una sola acícula hay 400 veces más especies de bacterias que de árboles en todo el bosque. Aunque no las veamos están ahí. Algunas son patógenas para el pino, pero la mayoría o son comensales (es decir, aprovechan la situación sin perjudicar al pino), o son beneficiosas, sintetizando nutrientes y hormonas que favorecen su crecimiento o contrarrestando el posible crecimiento de los patógenos. Los pinos tienen una comunidad microbiana en

torno a las raíces (la rizosfera), otra sobre las hojas y corteza (filosfera) y otra en su interior (endosfera). Cada una de estas comunidades microbianas tiene una composición distinta y juega papeles diferentes en la vida del árbol. La tasa de crecimiento, la fructificación y la biomasa de la planta dependen de estas microbiotas. Cuando las entendamos mejor, podremos aprovecharlo para mejorar nuestras cosechas, por ejemplo. Al igual que veíamos en los animales, las plantas también son comunidades microbianas, en este caso no ambulantes, sino sedentarias.

Pero ¿cómo sabemos qué es una especie microbiana? En la figura 2.4 veíamos fotografías realizadas con el microscopio electrónico de barrido de cuatro bacterias distintas descritas por mi grupo de investigación. Siempre he pensado que un verdadero biólogo tiene que describir al menos una especie de ser

Figura 7.8.A. Pingüino del Cabo (*Spheniscus demersus*), en Boulders Beach, África del Sur, oteando el Atlántico sur.

Figura 7.8.B. Lobos marinos de un pelo (*Otaria flavescens*), en Caleta Loma, Argentina.

Figura 7.8.C. Zarapitos trinadores (*Numenius phaeopus*) en una playa cerca de Maitencillo, Chile, frente al Pacífico.

Figura 7.8.D. Albatros ojeroso (*Thalassarche melanophris*) navegando entre icebergs por los mares del sur.

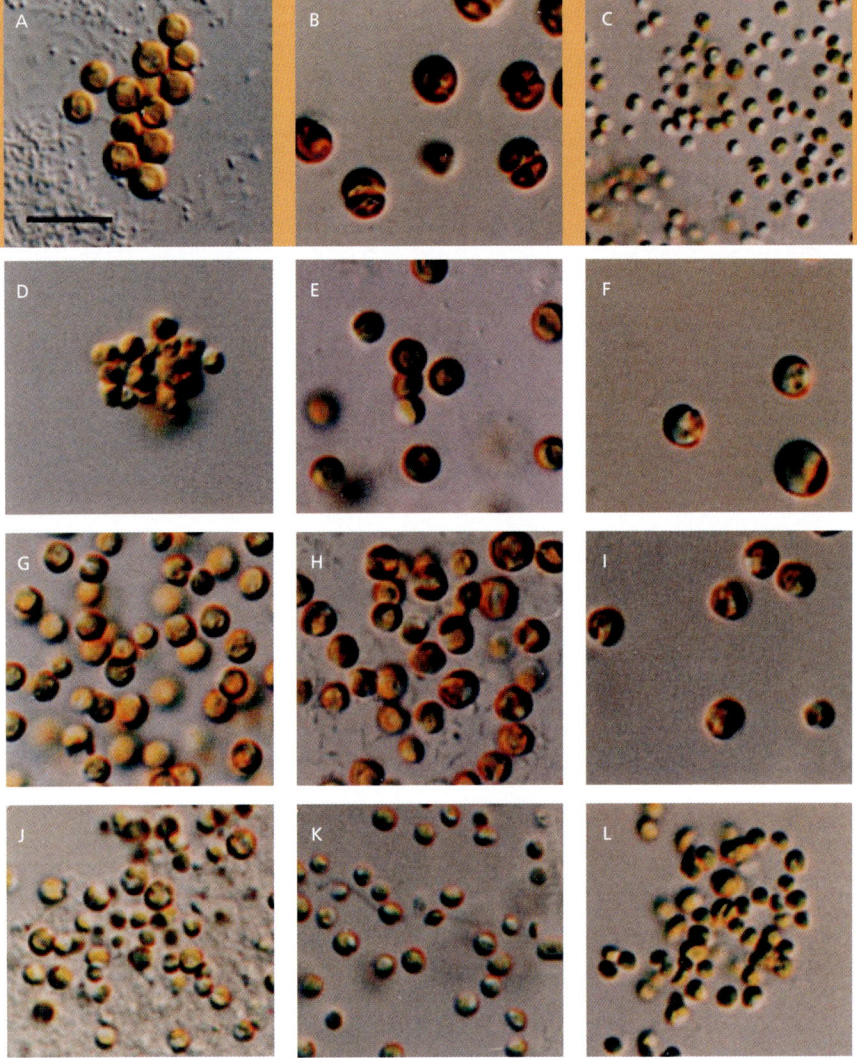

Figura 7.9. Fotografías de algas cocoidales mostrando la similitud de forma y color. Barra de escala = 10 µm. A y B Haptophyceae (CCMP 625, 1416). C-E Algas verdes (CCMP 1205, 1220, 1407). F Alga heteroconta desconocida (CCMP 1144). G-J Pelagophyceae (CCMP 1145, 1395, 1410, *Pelagococcus subviridis* [CCMP 1429]). K y L *Eustigmatophyceae* (Nannochloropsis oculata [CCMP 525], N. salina [CCMP 527]).
Fuente: Potter *et al.* (1997).

describir una especie de bejeque. Como se ve en la figura, las formas de las bacterias son bastante poco variadas: croquetas, albóndigas y espirales. Y hay miles de bacterias distintas con formas muy parecidas. No podemos usar la morfología para clasificarlas. Las cuatro bacterias pertenecen a dos filos distintos. ¿Nos acordamos de los filos? Dijimos que seguramente había unos 30 filos de animales y que los filos eran tan distintos unos de otros como los moluscos y nosotros. Pues bien, las dos primeras bacterias pertenecen al filo Pseudomonadota (antes Proteobacterias) y las otras dos al filo Bacteroidota. Son por lo menos tan diferentes entre sí como una almeja de un ser humano (de hecho, ya veremos que son todavía más distintas). Por lo tanto, tenemos que recurrir a otros métodos.

El mismo problema de la falta de diferencias morfológicas se repite con los microorganismos eucariotas (figura 7.9). Diez cultivos de algas marinas pertenecientes a diferentes clases son prácticamente indiferenciables bajo el microscopio. Esas algas pertenecen a

vivo a lo largo de su carrera académica. Así que durante la primera mitad de la mía estuve muy frustrado. Pero hace ya algunos años conseguimos describir unas cuantas especies de bacterias. Tengo que confesar que el mérito se debe a los esfuerzos de mis colegas. Describir una especie de bacteria es muy diferente a

clases diferentes, es decir, es como si la primera fuera un ave, la segunda, un mamífero y la tercera, un pez. Y, sin embargo, parecen exactamente iguales.

Para describir una especie de bacteria, lo primero que hay que hacer es aislarla en cultivo puro. Esto es lo que se ve en la figura 7.10. Lo que hemos hecho es añadir una cantidad ínfima de agua de mar diluida a una placa de Petri. La placa es estéril y tiene una capa delgada de agar nutritivo en el que hemos colocado los nutrientes que pensamos que puede necesitar nuestra bacteria. Cada célula bacteriana se multiplicará exponencialmente y al cabo de unas horas dará lugar a una colonia visible, como las grajeas de color naranja de la figura. En la parte superior se ve que no hay colonias separadas, sino una franja continua. Esto quiere decir que en esta zona había demasiadas células juntas y su crecimiento ha confluido. No sabemos si en esa zona hay una sola especie o si hay células escondidas entre las otras. Pero podemos confiar en que las colonias aisladas se deben al crecimiento de una sola célula bacteriana. Cada colonia es un clon con aproximadamente 10 millones de células bacterianas idénticas entre sí. Es decir, tenemos a nuestra bacteria aislada en cultivo puro (sin otras bacterias que lo contaminen). En las partes B y C de la figura se ve estas bacterias a través del microscopio electrónico de barrido. En B las células están unidas por un

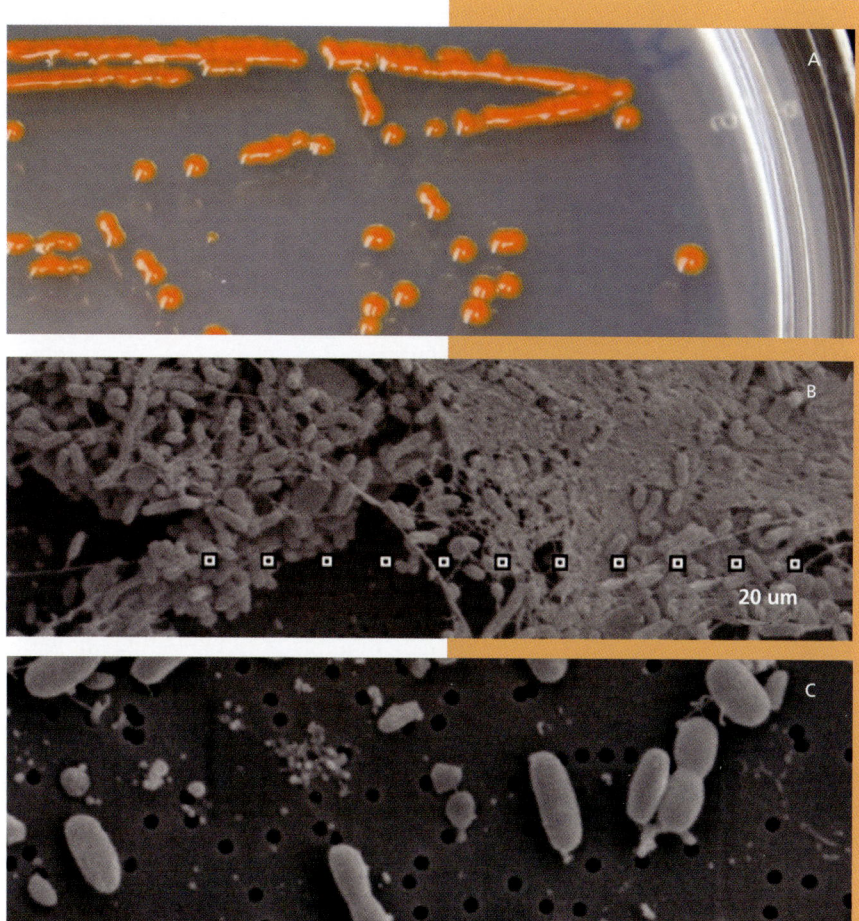

Figura 7.10. *Polaribacter dokdonensis* MED152. Cada colonia en A puede tener unos 10 millones de células como las que aparecen separadas en C. En B se muestra el mucílago extracelular que fabrican estas bacterias. Los circulitos negros en C son los poros del filtro en el que hemos recogido a nuestras bacterias.
Fuente: González *et al.* (2008).

mucílago que han secretado. En cambio, en la parte C tenemos células separadas individualmente.

Ahora ya podemos dedicarnos a analizar los caracteres de esta bacteria para poder identificarla. El problema es que para hacerlo bien hay que utilizar

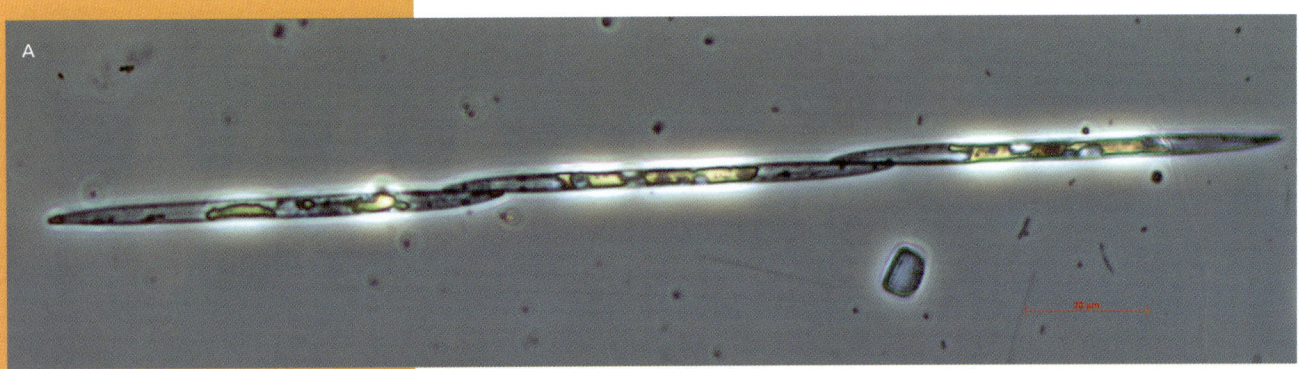

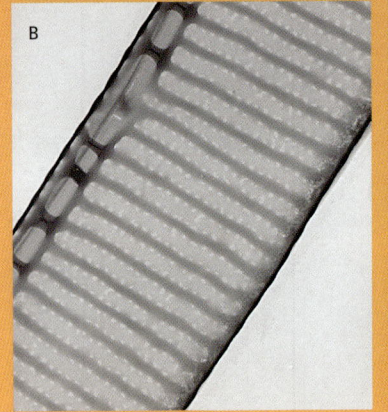

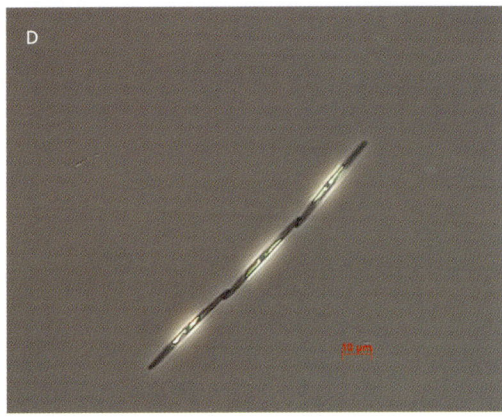

Figura 7.11. A y B. Microscopía óptica y electrónica de transmisión de *Pseudo-nitzschia calliantha* (miembro del grupo *pseudodelicatissima*. C y D. Microscopía óptica y electrónica de transmisión de *Pseudo-nitzschia delicatissima*.
Fuente: Marina Montresor.

muchas técnicas distintas. Una de ellas es la microscopía electrónica con la que se obtuvieron las imágenes. Pero, además, hay que cultivarla en distintas condiciones de temperatura, de pH, de concentración de sales, ver qué compuestos de carbono puede utilizar y cuáles no, comprobar a qué antibióticos es sensible, que ácidos grasos tiene y secuenciar su genoma completo. Normalmente, los laboratorios no disponen de todas estas técnicas y hay que recurrir a colaboradores que las tengan a punto. Por eso la descripción de una especie bacteriana es un trabajo colectivo. En la de *Leeuwenhoekiella blandensis* (figura 2.4.D) intervinieron investigadores del Instituto de Ciencias del Mar en Barcelona, de la Universidad de Kalmar en Suecia, de la Academia Rusa de las Ciencias y de la Universidad de Tasmania.

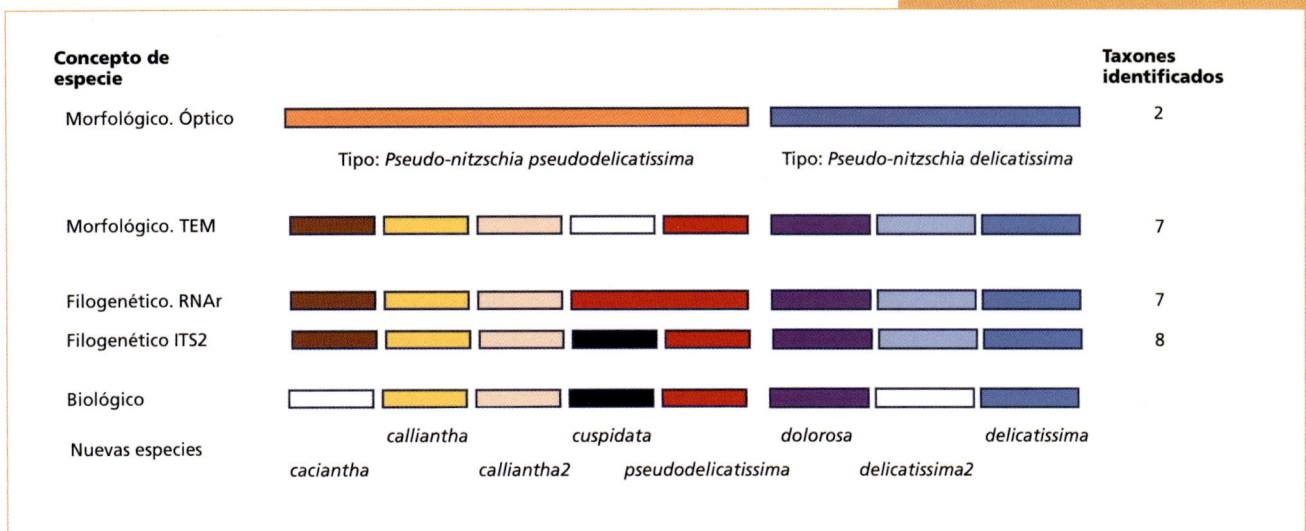

| Concepto de especie | | | | | Taxones identificados |
|---|---|---|---|---|---|
| Morfológico. Óptico | Tipo: *Pseudo-nitzschia pseudodelicatissima* | | Tipo: *Pseudo-nitzschia delicatissima* | | 2 |
| Morfológico. TEM | | | | | 7 |
| Filogenético. RNAr | | | | | 7 |
| Filogenético ITS2 | | | | | 8 |
| Biológico | | | | | |

Nuevas especies

*calliantha*  *cuspidata*  *dolorosa*  *delicatissima*

*caciantha*  *calliantha2*  *pseudodelicatissima*  *delicatissima2*

El punto final es la comparación de todas esas características con las de las bacterias que ya se han descrito. Aquí utilizamos una mezcla de los métodos de Lineo y Adanson. Con respecto al primero, comparamos el ARN ribosómico con los de las bases de datos. Utilizamos este ARN ribosómico como un código de barras que ya examinaremos con detenimiento más adelante. Esta comparación nos dijo que pertenecía al género *Leeuwenhoekiella*, pero que no era exactamente igual que ninguna de las especies descritas. La verdad, me alegró muchísimo que una de las especies que describimos llevara el nombre del descubridor de los microorganismos. Finalmente, utilizamos el método adansoniano comparando todos los caracteres que habíamos determinado con los de las restantes especies del género. El propósito de esta comparación es buscar al menos un carácter fenotípico que la diferencie de las demás. Una vez encontrado, solamente quedaba darle el nombre específico y la llamamos *blandensis* porque había sido aislada de la bahía de Blanes (cuyo nombre romano era Blande). Tal vez aquí cometimos el mismo pecado que los investigadores coreanos cuando describieron *Dokdonella*. ¡Qué le vamos a hacer!

Ya se ve que describir una especie de bacteria es una tarea ingente. ¿Cuánto nos llevará describirlas todas? ¿Cuántas hay en realidad? Mientras los taxónomos van describiendo especies, tenemos que

Figura 7.12. Por microscopía óptica era posible diferenciar dos tipos de *Pseudo-nitzschia*: *pseudodelicatissima* y *delicatissima* (dos taxones). Mediante microscopía electrónica de transmisión (TEM) se pudieron diferenciar siete taxones (para el blanco no se disponía de imágenes). El RNAr 18S detectó siete y la región ITS2 ocho. Los cruces de clones para determinar el concepto biológico de especies coincidían con el ITS2 (en los blancos no se obtuvieron cruces).
Fuente: Adaptado de Amato *et al.* (2007).

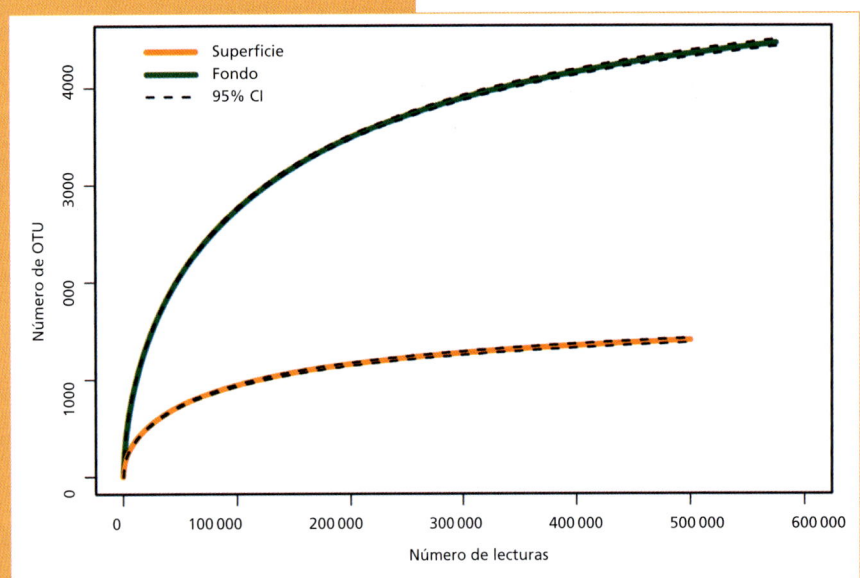

Figura 7.13. Curvas de coleccionista para el número de taxones (OTU, unidades taxonómicas operativas, en inglés) de bacterias en el Mediterráneo noroccidental. La gráfica muestra como el número de taxones nuevos va aumentando al ir identificando más individuos. La curva verde corresponde a una muestra tomada a 2000 m y la naranja en la superficie de la misma estación. Las líneas negras (apenas visibles) muestran el intervalo de confianza del 95%.
Fuente: Adaptado de Crespo *et al.* (2016).

tomar un atajo para poder responder estas preguntas. El atajo es utilizar un código de barras: el gen del ARN ribosómico 16S (abreviado ARNr 16S). En el caso de los eucariotas el ribosoma es un poco más grande y el gen equivalente es el ARNr 18S, pero ambos son muy parecidos y coinciden en muchos tramos. Estos genes son relativamente fáciles de secuenciar y están presentes en todos los seres vivos. De hecho, podemos recoger al ADN de una muestra cualquiera, sea del Mediterráneo o del suelo del bosque de pino canario en La Palma, y buscar todos los genes de ARNr 16S y 18S para ver cuántos distintos encontramos.

Aquí viene la crítica de algunos biólogos. Según ellos, el ARNr 16S sobreestima el número de especies. Tom Fenchel (Universidad de Copenhague, Dinamarca), por ejemplo, argumentó que "la variabilidad en el ARNr 16S no refleja necesariamente diferenciación fenotípica en términos de propiedades morfológicas o fisiológicas", de manera que la diversidad de secuencias no reflejaría la diversidad de especies. Este argumento podría ser cierto, pero no lo es. Marina Montresor, investigadora en la Estación Zoológica Anton Dohrn, en Nápoles, dirigió un estudio modélico que demuestra que utilizar las secuencias de ARN ribosómico para clasificar las especies no sobrestima la diversidad, sino que, en todo caso, la subestima.

En ese centro se han seguido las poblaciones de algas en la bahía de Nápoles durante décadas, de manera que se tiene un conocimiento exhaustivo de aquellas. También se han aislado muchas de esas algas en cultivo puro. Dos de las especies de algas más relevantes eran las diatomeas *Pseudo-nitzschia delicatissima* y *Pseudo-nitzschia pseudodelicatissima* (figura 7.11). Los nombres ya sugieren que se parecen mucho. Pero gracias a su experiencia, Marina y sus colaboradores las podían distinguir bien bajo el microscopio óptico por pequeños detalles de su frústula, el caparazón de óxido de silicio que las envuelve y les da la forma alargada —figura 7.11 (A y D)—. Las investigadoras tenían aislados muchos clones de ambas especies y decidieron comprobar la aserción de Fenchel. Hay que recordar que las diatomeas, a pesar de ser microorganismos, tienen sexo. Por lo tanto, se puede comprobar si se cumple el concepto biológico de especie. Si los clones de *delicatissima* se pueden cruzar con los de *pseudodelicatissima* y tienen descendencia fértil, en realidad deberían ser una sola especie. Y si no la tienen, debería ser dos especies distintas. Así que los investigadores probaron todos los cruces que pudieron entre los clones de las dos especies. Como se puede apreciar en la figura 7.12, los clones de *delicatissima* no se cruzaron con los de *pseudodelicatissima*, de modo que quedaba claro que eran dos especies distintas. Pero es que varios clones de cada una de ellas tampoco se cruzaron entre sí, indicando que dentro de cada especie morfológica había varias especies biológicas. Lo que hicieron a continuación fue secuenciar el ARN ribosómico 18S, y todos los clones de cada una de las dos especies tenían la misma secuencia. Es decir, el ARN ribosómico consideraba que varias especies biológicas eran una misma especie. Estaba subestimando la diversidad. Se han repetido experimentos parecidos varias veces, por ejemplo, por el grupo de Esther Garcés en el Instituto de Ciencias del Mar de Barcelona (CSIC; Quijano-Scheggia *et al.*, 2010) y el resultado siempre ha sido el mismo: el

ARN ribosómico es conservador, siempre subestima la diversidad, no al revés. De manera que podemos estar tranquilos, nuestras estimaciones basadas en este código de barras, si acaso, están infravaloradas.

Bibiana Crespo, en mi laboratorio, hizo el ejercicio de tomar dos muestras del Mediterráneo, una de superficie y otra a 2000 m de profundidad, aislar el ADN y obtener aproximadamente medio millón de secuencias de ARNr 16S de cada una de ellas (entre paréntesis, esto le dio un sabroso bocado a nuestro presupuesto de investigación). En la figura 7.13 puede verse el resultado. A medida que se van obteniendo secuencias (en el eje *x*) va aumentando el número de especies encontradas (en el eje *y*). Al principio, el incremento de nuevas especies es intenso, pero a medida que aumentan las

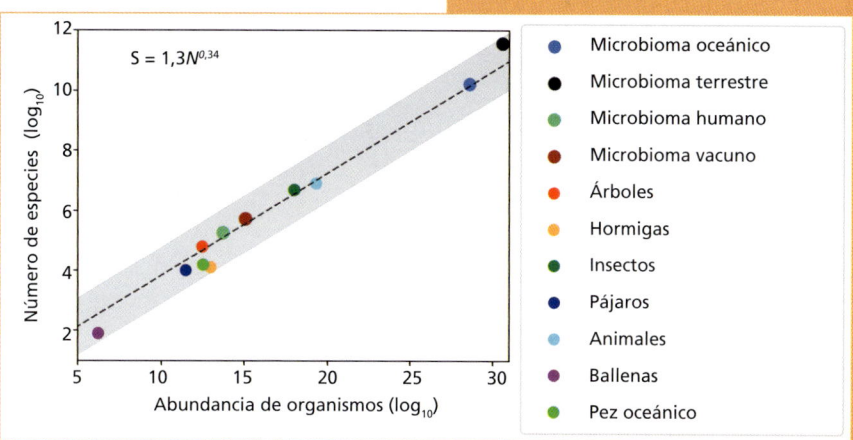

Figura 7.14. Estimación del número total de seres vivos en la Tierra.
Fuente: Adaptado de y cortesía de Kenneth J. Locey y Jay T. Lennon (2016).

secuencias el ritmo va bajando. La idea es que, al igual que veíamos en la figura 6.7, en algún momento llegaríamos a obtener todas las especies presentes en nuestras muestras. Después de este ejercicio comprobamos que para llegar a tener el 90% de las especies habríamos necesitado secuenciar cuatro veces más, es decir dos millones de secuencias de cada muestra. Desgraciadamente, esta posibilidad estaba más allá de nuestros modestos presupuestos. El caso es que estimamos que habría unas 1600 especies en la muestra de superficie y unas 5000 en la de profundidad.

Ya se ve que si tenemos que describir 5000 especies con todas las técnicas que usamos para *Leeuwenhoekiella blandensis*, pasarán varias generaciones antes de que lo podamos completar. Y estas son solamente dos muestras de una zona del Mediterráneo. El océano es inmenso y están los suelos, la atmósfera y la corteza terrestre. ¿Cuántas especies de bacterias hay en nuestro planeta? ¿Podemos estimar cuántas especies de microorganismos hay en el mundo? Kenneth J. Locey y Jay T. Lennon, en la Universidad de Indiana, hicieron un ejercicio interesante. Recogieron datos de unos 35 000 lugares y unos 5 600 000 taxones que incluía datos moleculares de microorganismos y recuentos de animales y plantas. Es interesante la combinación de técnicas tan distintas para obtener unos y otros datos. Los de microorganismos requerían aislar el ADN y secuenciar los códigos de barras. Los de aves requerían observadores con el oído entrenado y unos prismáticos. Estos autores utilizaron una de las aproximaciones de macroecología que hemos comentado en el capítulo 6. La novedad fue que incluyeron datos tanto de microorganismos como de seres vivos grandes. Existe una relación entre el número de individuos en una comunidad y el número total de especies (la relación abundancia-riqueza). Cuantos más individuos, más especies. Por ejemplo, sabemos que en los intestinos de todos los seres humanos hay unos 40 billones de bacterias (40 000 000 000 000) y que esto incluye cerca de un millón de especies (figura 7.14). Cada uno de nosotros tiene solamente unos centenares de especies, pero entre todos los seres humanos llegamos a esa cifra. También sabemos que en el océano hay unas $10^{29}$ células de bacterias y arqueas (un uno seguido de 29 ceros). Recordemos que tanto el número de estrellas en nuestra galaxia como el de neuronas en nuestro cerebro está en torno a las $10^{11}$ (un 1 seguido de "solamente" 11 ceros). Siguiendo con los cálculos, esto implicaría que en el océano hay unas $10^{10}$ especies de microorganismos. Y si lo calculamos para todo el planeta, incluyendo mares y tierras, tendríamos $10^{30}$ individuos y un billón de especies (1 000 000 000 000, figura 7.14).

¿Es posible que haya un billón de especies? ¿No es peligroso mezclar datos de animales y plantas con los de microorganismos? ¿Cómo se puede hacer una aproximación que con datos solamente de comunidades que tenían entre unos pocos y un millón de individuos ($10^6$) se llegara a los $10^{30}$ individuos? ¡24 órdenes de magnitud! No me sentía capaz de tomar una decisión. Así que le pedí ayuda a mi colega Susanna Manrubia, investigadora de mi centro, el CNB, una física experta en modelos evolutivos. Susanna les pidió todos los datos a los autores y repitió los cálculos. Así nos convencimos de que el trabajo era sólido. Es decir, es una estimación, no una determinación. Por lo tanto, no es seguro, pero es ciertamente posible. Aquí conviene recordar otra extrapolación que hicimos en el capítulo 6 con la relación entre el tamaño y el número de especies de Robert M. May. El número de especies del tamaño de una bacteria que obteníamos era justamente de $10^{12}$. Interesante coincidencia. Dos aproximaciones completamente distintas llegan al mismo orden de magnitud. Pero ¿realmente es posible que haya tantas especies? Hay por lo menos siete consideraciones que nos ayudarán a valorar la plausibilidad de esta cifra. Y en el próximo capítulo las veremos en detalle.

A pesar de ser microbiólogo, le he dedicado la mayor parte del texto a animales y plantas. Los procariotas todavía tienen casi un capítulo entero, pero los microrganismos eucariotas prácticamente no han aparecido. Así que me he sentido obligado a dar una brevísima imagen de su enorme diversidad e importancia.

El árbol de la figura C.1 es relativamente reciente pero seguramente ya está anticuado. Conseguir un árbol bien resuelto de los eucariotas es algo terriblemente endiablado. Como se ve hay varias politomías (separaciones no bien resueltas) y líneas de puntos (poco fiables) y varios interrogantes por aquí y por allá.

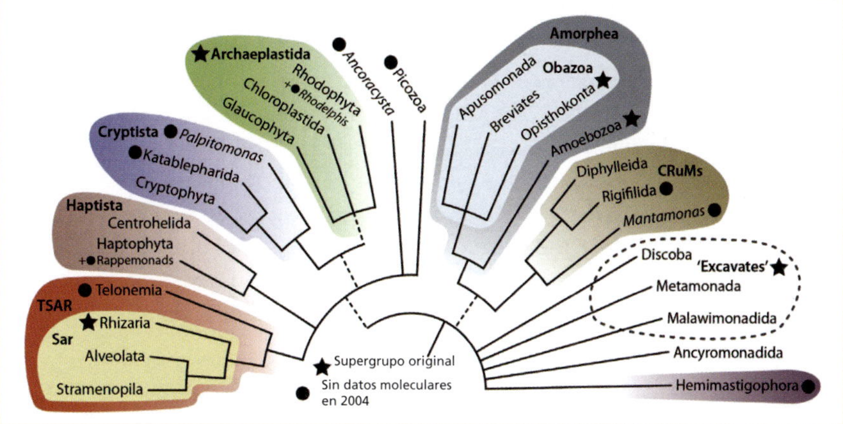

Figura C.1. Árbol filogenético de los eucariotas. Los grupos coloreados forman los llamados supergrupos. Las líneas discontinuas indican poca seguridad en la ramificación.
Fuente: Adaptado de y cortesía de Burki et al. 2020.

Todos los animales y todos los hongos estamos en la rama Opisthokonta (en gris claro a la derecha), que compartimos con varios de los antiguamente denominados protozoos, por ejemplo, un grupo llamado coanoflagelados. Todas las plantas están en la rama Chloroplastida (en verde, en el centro), que comparten con las algas verdes. Todas las otras ramas son exclusivamente microbianas. Es evidente dónde está la diversidad.

Los procariotas (bacterias y arqueas) inventaron la mayoría de los metabolismos. Los eucariotas, en cambio, se especializaron en las relaciones sociales. En algún momento, una bacteria y una arquea se encontraron y empezaron a funcionar conjuntamente. De esta simbiosis salió la célula eucariota. Como veremos en la figura 9.3, los genes del metabolismo central (los que codifican las proteínas y ácidos nucleicos del ribosoma con los que se construyó ese árbol) proceden de las arqueas, pero otros muchos son de origen bacteriano. Una vez probado que el "matrimonio" (más correctamente, la *endosimbiosis mutualista*), funcionaba bien, las células eucariotas se lanzaron a experimentar todo tipo de tríos y poliamores. La mayoría se tragaron una alfaproteobacteria y la convirtieron en la mitocondria, el orgánulo donde se lleva a cabo la respiración aeróbica. Estas células eucariotas, por ejemplo, las nuestras, tienen tres genomas, los dos de la unión inicial y el de la mitocondria, que como alfaproteobacteria que es también tiene su genoma. Hay eucariotas que no tienen mitocondrias, pero entonces no pueden respirar oxígeno, por ejemplo, la *Plagiopyla* de la figura C.2.A, que se han tragado arqueas metanógenas y las utilizan para su metabolismo en lugar de las mitocondrias.

Todos los eucariotas que hacen la fotosíntesis se tragaron una cianobacteria que se convirtió en los cloroplastos. Así que estas células tienen al menos cuatro genomas, porque a los tres anteriores añaden el de la cianobacteria. Estas relaciones con mitocondrias y cloroplastos se denominan *endosimbiosis primarias*. Pero aquí no se acaban los poliamores. Los miembros del grupo Cryptophyta —figura C.2 (G-I)— le han dado una vuelta de tuerca consiguiendo una endosimbiosis secundaria, porque lo que han hecho es incorporar un alga roja (en la rama Rhodophyta, en verde, en el centro, en la figura C.1), es decir un microorganismo eucariota que había incorporado una cianobacteria. Otro ejemplo es el ciliado (perteneciente al grupo Alveolata, en amarillo a la izquierda de la figura C.1) *Coleps hirtus* (figura C.2.B) que además de las mitocondrias se ha tragado algas verdes del género *Chlorella* y puede hacer la fotosíntesis al mismo tiempo que puede comer algas. Ya tenemos cinco genomas. Y el caso de los dinoflagelados (también en la rama Alveolata y figura C.1.C) es ya de traca. En este grupo hay especies heterótrofas (sin cloroplastos) y otras con endosimbiosis terciarias con Cryptofíceas o Haptofíceas, es decir, seis genomas.

Y estos microorganismos eucariotas no son solamente una curiosidad de laboratorio. Las diatomeas (figuras 7.7 y 7.11; en la rama Stramenopila, en amarillo, a la izquierda en la figura C.1 y figura C.2.D) son responsables de la mitad de la fotosíntesis en los océanos. Y también de la producción de ingentes cantidades de petróleo (Cermeño, 2020). Los cocolitofóridos (en la rama Haptophyta, en marrón a la izquierda de la figura C.1 y en C.2.E) tienen placas de carbonato cálcico. Después de millones de años, y de trillones de cocolitofóridos muertos, esas placas acumuladas en el fondo del mar pueden volver a emerger; por ejemplo, los acantilados blancos de Dover se deben a estas placas, de modo que los microorganismos eucariotas no solamente intervienen en la ecología, ¡sino también en la geología! Claro, también hay microbios eucariotas perniciosos. Varios dinoflagelados son responsables de las mareas rojas tóxicas que provocan tantas pérdidas a la industria marisquera. Y algunos protistas como *Trypanosoma* son responsables de enfermedades como la de Chagas (figura C.2.E) o la del sueño. En fin, que a diversidad no les ganan ni los animales ni las plantas.

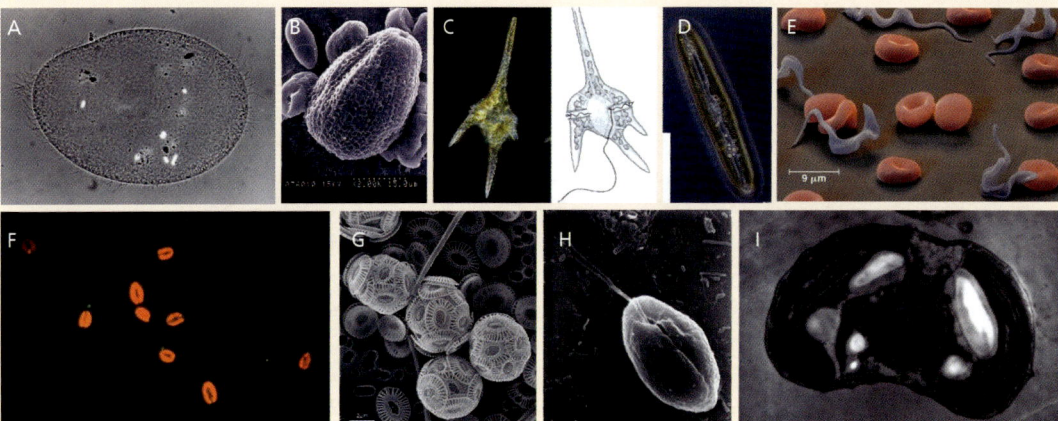

Figura C.2. Imágenes de distintos microorganismos eucariotas. A. El ciliado anaeróbico *Plagiopyla* con células bacterianas ingeridas (fluorescentes) de las que se alimenta. Este ciliado no tiene mitocondrias, sino arqueas metanogénicas como simbiontes. B. El ciliado aeróbico *Coleps hirtus*, que contiene algas verdes endosimbiontes, rodeado de células del alga *criptófita Cryptomonas phaseolus*. C. El dinoflagelado *Ceratium*. D. Una diatomea probablemente *Navicula* fototrófica gracias a una endosimbiosis secundaria. E. *Trypanosoma cruzi*, parásito causante de la fiebre de Chagas, rodeado de glóbulos rojos. F. Imagen por microscopía de epifluorescencia que muestra la fluorescencia roja de la clorofila en un cultivo de *Cryptomonas phaseolus*. G. El cocolitofórido *Emiliania huxleyi* con placas de carbonato cálcico. H. microscopía de barrido donde se aprecian los flagelos de Cryptomonas. I. Corte al microscopio electrónico de transmisión que muestra el núcleo (en el centro), dos cloroplastos con glóbulos de reserva de polisacáridos (blancos) a ambos lados y una mitocondria entre el núcleo y el cloroplasto de la izquierda.
Fuente: (*Trypanosoma cruzi*) Infobioquímica.

# 8. Especiación y extinción en los microorganismos

¿Es verosímil la extraordinaria estimación dada en el capítulo anterior? ¿Hay argumentos que la hagan creíble? Veamos. El número de especies en cualquier momento dado depende de las tasas de especiación (aparición de nuevas especies) y de las de extinción (desaparición de estas). De modo que vamos a ver qué podemos decir sobre ambos procesos en el caso de los microorganismos.

## Aparición de nuevas especies

Se estima que la vida apareció hace al menos 3700 millones de años. Los primeros seres vivos fueron sin duda microorganismos. Esto lo sabemos por dos razones: la primera es que lo lógico es que los organismos más complejos aparecieran más tarde y la segunda, que animales y plantas no aparecen en el registro fósil hasta hace uno 500 millones de años. Por lo tanto, los microbios han tenido mucho más tiempo para experimentar formas de vida, desarrollar distintos metabolismos y para evolucionar y formar nuevas especies. Hay una cosa que resulta sorprendente. Algunos microorganismos pueden evolucionar y cambiar en muy poco tiempo. ¿Por qué? Pues en primer lugar porque se multiplican muy rápidamente. *Escherichia coli*, por ejemplo, en condiciones óptimas se puede dividir cada 20 minutos. A esta velocidad de crecimiento, en unas pocas horas el número de individuos aumenta exponencialmente varios órdenes de magnitud. Así que empiezan a aparecer mutaciones y la selección natural empieza a actuar. Hay un experimento muy ilustrativo al respecto.

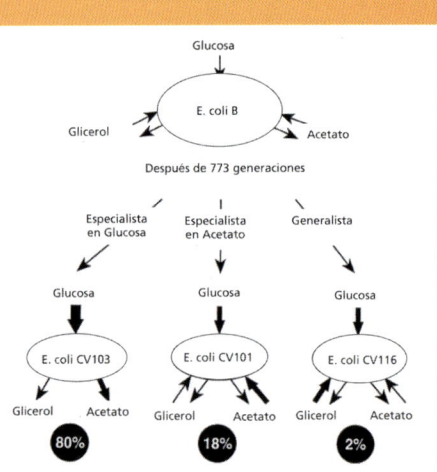

**Figura 8.1. Experimento de evolución rápida en *Escherichia coli*.**
Fuente: Adaptado de Rosenzweig *et al.* (1994) y Dykhuizen (1998).

Rosenzweig y colaboradores (1994) hicieron crecer la cepa llamada B de *Escherichia coli* en un cultivo continuo donde la única fuente de carbono y de energía era la glucosa. El cultivo continuo es una botella con un grifo por el que entra medio de cultivo fresco con los nutrientes que queramos y por otro grifo sale medio gastado con las células que hayan crecido en él. En esta situación, *E. coli* absorbe la glucosa y la degrada a acetato y algo de glicerol, que se excretan al medio y se pueden utilizar más tarde. Como se aprecia en la figura 8.1, esta *E. coli* B inicial tiene flechas de incorporación de glucosa y flechas tanto de excreción como de incorporación de glicerol y acetato. Sin embargo, después de 773 generaciones, se encontró que coexistían tres variantes de *E. coli* diferentes. Una especializada en el uso de glucosa; otra, en acetato y la tercera, una generalista capaz de usar los tres compuestos. La primera, *E. coli* CV103, como se aprecia en la figura, tiene una flecha mucho más gruesa de incorporación de glucosa que la cepa inicial y no tiene flechas de incorporación ni de glicerol ni de acetato. Esta es la especialista en glucosa y, como la glucosa, es una fuente de energía mucho mejor que el glicerol y el acetato, y es la que más rápidamente crece y la que acaba formando la mayor parte de las células (80%). La segunda, *E. coli* CV101, sigue teniendo la capacidad de incorporar glucosa y de excretar o incorporar glicerol y acetato. Pero su capacidad de incorporar acetato ha superado con mucho a la de las otras cepas. Esta es la especialista en acetato y llegó a formar el 18% de las células. Finalmente, la CV116 mantiene la capacidad de incorporar los tres sustratos, pero con una preferencia por el glicerol. Los investigadores concluyeron que esta cepa era una generalista, mientras que las dos primeras eran especialistas.

Así, habían aparecido tres nichos donde al principio solo había uno y tres taxones habían evolucionado en uno de los entornos más constantes y sencillos posibles. Igual que ocurría con los pinzones terrestres de Darwin, las tres cepas de *E. coli* realizaron una partición de nicho. La diferencia es que los pinzones de Darwin necesitaron más de un millón de años para llegar a esta situación. Las cepas de *E. coli* solamente necesitaron 773 generaciones, es decir ¡solamente algo más de tres meses! Es difícil creer que este fenómeno no tenga lugar constantemente en el mucho más complejo mundo real para crear innumerables nichos y que aparezcan una infinidad de especies diferentes.

Hay otro aspecto de la naturaleza que favorece que aparezcan muchas especies de microorganismos y es la estructura fractal de aquella. Benoît Mandelbrot (1924-2010) introdujo esta perspectiva con el ejemplo de la longitud de la costa de Gran Bretaña. Si intentamos medirla sobre un globo terráqueo, solamente tendremos en cuenta las prominencias y golfos de mayor tamaño, porque los más pequeños no se pueden apreciar. Si utilizamos un mapa 1:40 000, seremos capaces de medir muchos más detalles, porque aparecerán cabos y caletas que no se veían en el globo. Y la longitud que obtengamos será más larga. Si fuéramos capaces de ir midiendo la costa cm a cm, nuestra longitud sería todavía mayor, porque estaríamos midiendo todos los pequeños recovecos de cada cabo y cada caleta. La cuestión es que si bajamos a la escala de los microorganismos, unos pocos micrómetros, esa longitud se hace enorme y da cabida a muchos pequeños nichos. Un ser vivo suficientemente pequeño como para habitar uno de estos nichos puede especializarse en determinado tipo de recodo. Y como hay tantos, el número de especies que pueden aparecer se multiplica. Esto es lo que ocurre, por ejemplo, en nuestro intestino. Para las bacterias, la pared y la luz de nuestro intestino son un paisaje variado y diverso, con multitud de recovecos con características distintas. Por eso, nuestro intestino alberga centenares de especies de microorganismos. Lo mismo ocurre en el suelo, en las plantas o en el océano. Los microorganismos, gracias a su tamaño, pueden explotar la plétora de pequeños nichos a su disposición. En

parte, la relación que veíamos entre el tamaño de los animales y el número de especies en la figura 6.6 se debe a este fenómeno. El lector interesado puede consultar el artículo de Selina Våge y Frede Thingstad (2015) en el que desarrollaron esta perspectiva para explicar por qué en el plancton hay tantas especies de microorganismos.

Además, los microorganismos y especialmente las bacterias y arqueas pueden vivir en muchos ambientes más que animales y plantas. Por ejemplo, hay microorganismos que viven en agua hirviendo o a 16 grados bajo cero. Hay otros que viven en la corteza terrestre a varios km de profundidad. Los hay colonizando el suelo de los desiertos más áridos del mundo o las aguas del drenaje ácido de minas, con un pH parecido al del ácido sulfúrico. Todos estos microorganismos son extremófilos, porque viven en ambientes extremos en los que ningún animal o planta puede vivir. Ya vimos ejemplos de los cristalizadores de las salinas de La Palma y de las fuentes termales en El Tatio. El lector puede ampliar este tema en Pedrós-Alió (2013). Por lo tanto, los microorganismos pueden colonizar y formar nuevas especies en muchos más hábitats que los seres vivos grandes. Y no solamente ambientes extremos, porque todos los seres vivos grandes, tanto plantas como animales, tenemos nuestra microbiota. De nuevo, muchos hábitats más que los microorganismos pueden colonizar.

En resumen, vemos que la especiación en microorganismos puede haber generado una cantidad ingente de especies debido a que:

- Llevan mucho más tiempo que animales y plantas (siete veces y media más, 3200 millones de años más) de evolución.
- Pueden crecer y evolucionar a mucha mayor velocidad que los seres vivos grandes.
- Disponen de una cantidad de nichos potenciales mucho mayor debido a la estructura fractal de la naturaleza, a la colonización de ambientes extremos y de los cuerpos de los demás seres vivos.

Si esto justifica o no el billón propuesto por Locey y Lennon no lo sabemos, pero sí vemos que el número de especies puede ser muy elevado.

## Extinción de especies microbianas

En este apartado vamos a ver tres razones por las que las extinciones de los microorganismos van a ser mucho menos frecuentes que en animales y plantas.

La primera razón se basa en el modo en que se distribuyen los individuos entre las diferentes especies de una comunidad. Si nos fijamos en el

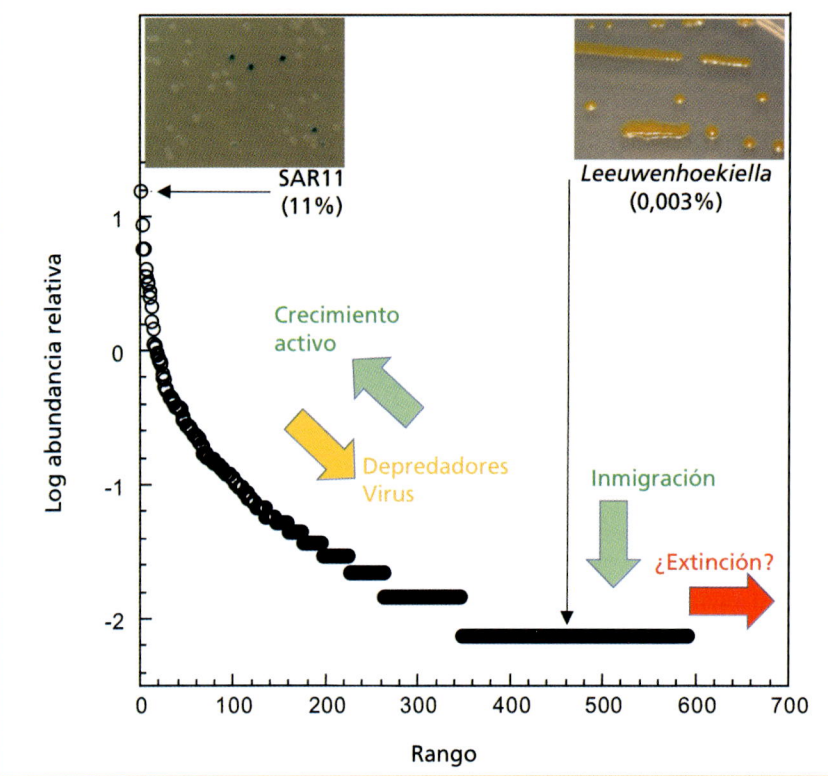

Figura 8.2. Curva de rango-abundancia para la comunidad bacteriana de una muestra del Mediterráneo noroccidental. La escala vertical es logarítmica y muestra el número de individuos de cada especie. Estas están ordenadas en función de su abundancia (rango) en el eje horizontal. El taxón más abundante fue SAR11 (11% de todos los individuos). Este taxón es muy difícil de obtener en cultivo puro, pero aparece en abundancia en genotecas del código de barras (foto izquierda). *Leeuwenhoekiella* se obtuvo en cultivo puro (foto derecha), pero forma parte de la biosfera de los raros (0,003%). El crecimiento activo promueve a los taxones hacia la parte izquierda de la curva (flecha verde), mientras que la depredación y la lisis por virus lo devuelven hacia la derecha (flecha naranja). En esta parte, los taxones están protegidos de depredadores y virus. A ella se puede llegar por inmigración (flecha verde) y, posiblemente, después de tiempos muy largos, algunos taxones se puedan extinguir (flecha roja).
Fuente: Adaptado de Pedrós-Alió (2006 y 2013).

misma zona comprende unos 150 000 animales. En cambio, los depredadores son mucho más escasos: unos 9000 leones y unos 2800 guepardos. En todas las comunidades biológicas se cumple que hay unas pocas especies muy abundantes y muchas especies raras. Esta estructura se ve muy bien en una curva de rango-abundancia como la de la figura 8.2. Las especies se ordenan de más a menos abundante (por rango de abundancia) en el eje *x* y el número de individuos de cada una de ellas se señala en el eje *y*. En el Serengueti, el ñu sería una de las primeras y el guepardo de las últimas.

En el mundo microbiano esta relación es todavía más exagerada. La figura 8.2 presenta una de estas curvas para una muestra de superficie del Mediterráneo, cerca de la bahía de Blanes. El taxón más abundante se llama SAR11 (porque cuando se descubrió fue el taxón número 11 del mar de los SARgazos). Esta especie representa el 11% de todas las células bacterianas en esa muestra. Sería el equivalente del ñu. Luego hay una larga cola de muchísimas

Serengueti, por ejemplo, veremos que algunas especies como los ñus y las cebras son muy, muy, abundantes.

La población de ñus en África oriental se estima en un millón y medio de individuos. La de cebras de Grant en la

especies muy poco abundantes. Por ejemplo, nuestra *Leeuwenhoekiella blandensis* constituía el 0,003% de todas las células. La diferencia con SAR11 es de cuatro órdenes de magnitud. Para encontrar una célula de *Leeuwenhoekiella* tendríamos que examinar 40 000 células bacterianas, entre las que habría unas 4000 de SAR11. Estos datos se obtuvieron filtrando unos pocos litros de agua de mar y secuenciando los códigos de barras de las bacterias. ¿Qué habría pasado si en lugar de unos pocos litros hubiéramos filtrado 20 litros? ¿Y si hubiéramos filtrado 100, 1000 o todo el océano? Tal como vimos en la figura 7.13, a medida que vamos añadiendo individuos cada vez nos acercamos más al número total de especies. El problema es que nuestras técnicas no nos permiten secuenciar tanto y que, por supuesto, no podemos filtrar todo el océano.

Pierre Galand, en el Observatorio Oceanográfico de Banyuls-sur-Mer, hizo un experimento incubando agua de mar con trozos de madera para ver si las bacterias marinas podían degradarla (Kalenitchenko *et al.*, 2018). Después de algunos experimentos y cálculos, comprobó que varias de las bacterias que habían crecido sobre la madera y la habían empezado a degradar eran distintas cepas del género *Arcobacter* y que en el agua de mar solamente había una célula de estas bacterias en cada diez litros de agua. Pierre ideó una metáfora para hacernos comprender lo

increíblemente poco abundante que es esto. Comparemos un ser humano con una bacteria. Si en una gota de agua hubiera una sola célula bacteriana sería equivalente a que en un estadio de fútbol hubiera un solo espectador. Y una célula en diez litros de agua sería equivalente a un ser humano en toda la Tierra (Galand y Logares, 2018).

En resumen, las comunidades microbianas están formadas por unas pocas especies muy abundantes y una enorme cantidad de especies raras. Las abundantes son las que intervienen activamente en el ecosistema, las responsables de los flujos de energía y de nutrientes (figura 8.2). Están creciendo activamente y por supuesto, siendo devoradas por sus depredadores y atacadas por sus virus. En cambio, las especies raras están protegidas de los depredadores y de los virus. Al no estar activas, son pequeñas y poco nutritivas, de modo que, si pueden, los depredadores las evitan. Y los virus necesitan que haya una concentración suficientemente alta de células sensibles para encontrarlas, porque se mueven por azar. En general, si hay menos de 1000 células de una especie determinada en un mililitro, sus virus no la encuentran. Así que esta enorme cantidad de especies raras están inactivas o muy poco activas, pero están a salvo de los mecanismos de mortandad de bacterias y, en consecuencia, pueden sobrevivir por periodos muy largos de tiempo (Pedrós-

Alió, 2012). A este conjunto de microorganismos muy poco abundantes Mitchell L. Sogin (Laboratorio Biológico Marino, Woods Hole, Massachusetts) le dio el nombre de "biosfera de los raros". Si a un pinzón de Darwin mediano se le acaban las semillas pequeñas, se muere, porque tiene que comer todos los días. Si a *Arcobater* se le acaba la madera, sencillamente, espera en reposo hasta que el recurso vuelva a aparecer.

Por este motivo, las comunidades microbianas son muy resilientes y flexibles. Siempre que aparezca un nuevo producto, habrá especies entre las raras capaces de degradarlo. Esto se vio en unos experimentos que mis colegas de la Universidad de Vigo coordinaron después del hundimiento del petrolero Prestige frente a las costas gallegas. Eva Teira y colaboradores (2007) incubaron agua de mar con distintas cantidades de derivados del petróleo y analizaron cómo cambiaban las comunidades con el tiempo. En todos los casos aparecía una bacteria denominada *Cycloclasticus* que crecía, degradaba el petróleo y, una vez acabado este recurso, volvía a desaparecer (figura 8.3). Cuanto más petróleo se añadía, más crecía la bacteria, pero al acabar el recurso siempre volvía a desaparecer en la biosfera de los raros.

Esta larga supervivencia en la biosfera de los raros es posible gracias a que las bacterias no necesitan sexo para reproducirse. En el caso de los animales se necesita al menos una pareja. Si la

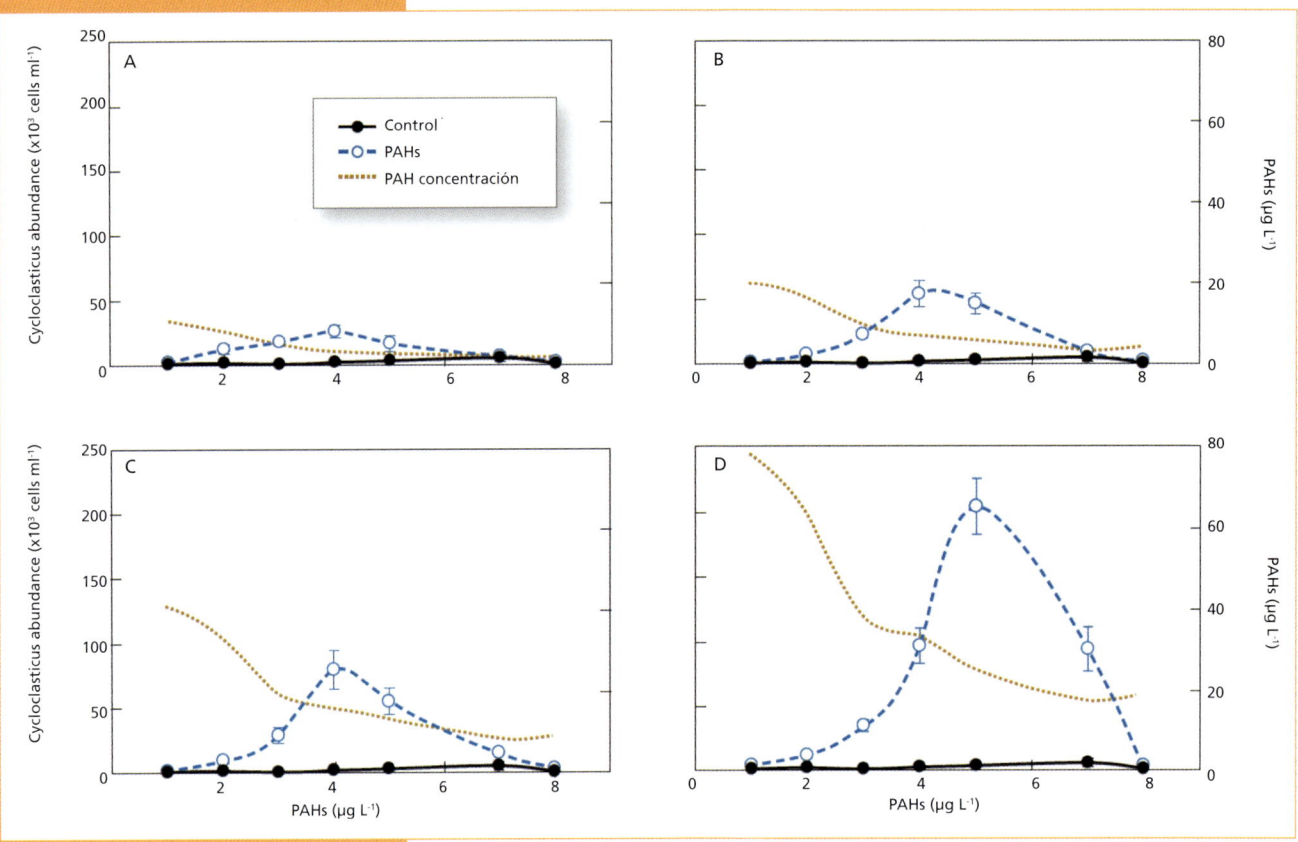

Figura 8.3. Experimento en la ría de Vigo en el que se añadieron distintas cantidades de derivados del petróleo (línea naranja discontinua), la bacteria *Cycloclasticus* (línea azul discontinua) aparece para degradarlos. La línea negra muestra la abundancia de *Cycloclasticus* en los controles sin derivados del petróleo.

Fuente: Adaptado de Teira *et al.* (2007).

especie se va haciendo rara, llegará un momento en el que el encuentro entre un macho y una hembra se hará imposible y la especie estará condenada a la extinción. Esto es lo que le pasó al poo-uli, uno de los pinzones de Hawái. Esta historia es sumamente ilustrativa de las diferencias entre seres vivos grandes y microorganismos. Y también es relevante para analizar las pérdidas de

biodiversidad ocasionadas por nuestra especie, cosa que haremos en el último capítulo. Mientras tanto, la historia del poo-uli se resume en el recuadro D.

Ya se ve que las especies de bacterias van a poder resistir mucho tiempo en la biosfera de los raros. Además, como son tan pequeñas y ligeras pueden viajar a través del planeta con las corrientes de agua, la dinámica de la atmósfera o en las patas e intestinos de aves y mamíferos. Esto quiere decir que es bastante probable que cualquier especie pueda llegar a cualquier parte y, entonces, es una cuestión de tiempo que alguna célula de esa especie encuentre condiciones favorables para crecer y hacerse abundante de nuevo. Como tiempos muy largos es lo que tienen esas especies raras, la extinción parece sumamente improbable.

Y aquí viene el tercer argumento. Pensando en esta biosfera de los raros me pregunté: ¿cuánto tiempo puede pasar una bacteria en esa biosfera y todavía ser capaz de volver a crecer y multiplicarse? ¿Un año, diez años, varios siglos? En principio, pueden aguantar mucho tiempo sin alimentarse (al contrario que los pinzones) y las bacterias tampoco envejecen y mueren tan rápidamente como nosotros. Pero, seguramente, si pasa mucho tiempo sin una oportunidad, es probable que se acaben muriendo. Entonces me di cuenta de que las bacterias en particular y los microorganismos en general pueden viajar en el tiempo. ¿No es maravilloso?

A ver, en el laboratorio conservamos nuestras bacterias en el congelador. Por ejemplo, el cultivo de *Leeuwenhoekiella blandensis* está en un congelador del laboratorio de Jarone Pinhassi en la Universidad Linnaeus de Kalmar. Siempre que queramos hacer algún experimento con esta bacteria solamente tenemos que descongelar una pequeña

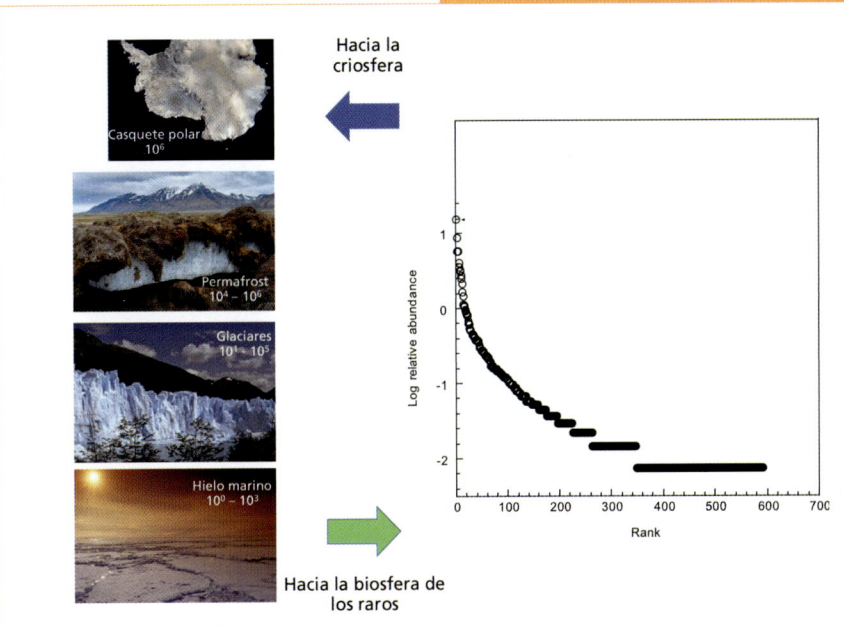

parte del cultivo, inocularla en un medio rico e incubarla a la temperatura adecuada. En unas horas tenemos millones de células perfectamente activas de *Leeuwenhoekiella*, listas para el experimento que queramos hacer. El caso es que la naturaleza tiene sus propios congeladores: el hielo marino, los glaciares, el permafrost y los casquetes polares de Groenlandia y la Antártida (figura 8.4). El conjunto de estos ambientes congelados se denomina criosfera. A lo largo de la historia del planeta, la criosfera se ha empequeñecido hasta el punto de que la Antártida fuera un lugar cálido y se ha

Figura 8.4. La criosfera es el mejor candidato para una máquina del tiempo. La microbiota actual está representada por la curva de rango-abundancia. Los microorganismos abundantes pueden quedar atrapados en cualquiera de las diferentes formas de hielo (flecha azul). Estos microbios pueden liberarse después de diferentes periodos de tiempo y entrarán en la biosfera de los raros (flecha verde). Para entrar en otro ciclo, tendrán que crecer y formar parte de los taxones abundantes. También pueden intercambiar material genético con taxones contemporáneos.
Fuente: Adaptado de Pedrós-Alió (2021), (permafrost) Instituto de estrategia, (Tierra bola de nieve y Antártida) Wikipedia y (glaciar y hielo marino) Pedrós-Alió.

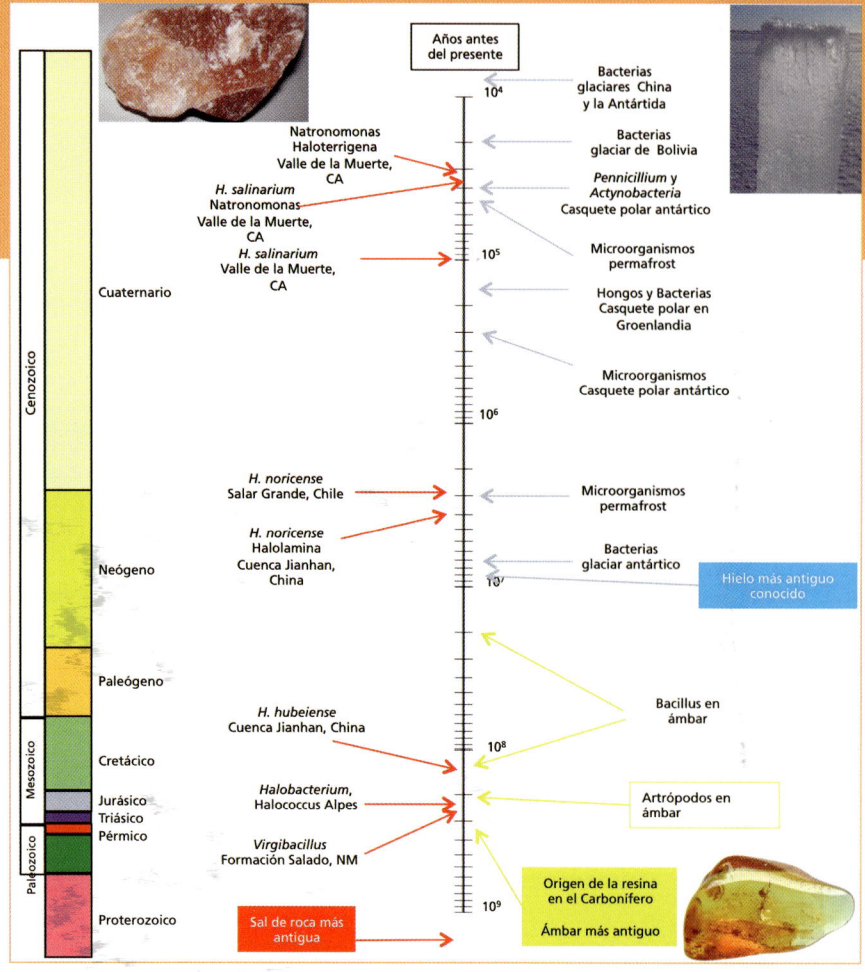

Figura 8.5. Línea de tiempo con estudios que han recuperado microorganismos vivos de las tres máquinas del tiempo principales de estos: ámbar (amarillo), sal (rojo) y hielo (azul). Los estudios concretos se pueden buscar en Pedrós-Alió (2021). La escala temporal es logarítmica.
Fotografía: (Ámbar) página web Minerales y Roca y (sal de roca) Flickr.

**Años antes del presente**

$10^4$ — Bacterias glaciares China y la Antártida

Bacterias glaciar de Bolivia

Natronomonas Haloterrigena Valle de la Muerte, CA

*H. salinarium* Natronomonas Valle de la Muerte, CA

*Pennicillium* y *Actynobacteria* Casquete polar antártico

*H. salinarium* Valle de la Muerte, CA

$10^5$ — Microorganismos permafrost

Hongos y Bacterias Casquete polar en Groenlandia

Microorganismos Casquete polar antártico

$10^6$

*H. noricense* Salar Grande, Chile — Microorganismos permafrost

*H. noricense* Halolamina Cuenca Jianhan, China

Bacterias glaciar antártico

$10^7$ — Hielo más antiguo conocido

*H. hubeiense* Cuenca Jianhan, China

Bacillus en ámbar

$10^8$

*Halobacterium*, Halococcus Alpes — Artrópodos en ámbar

*Virgibacillus* Formación Salado, NM

Origen de la resina en el Carbonífero

$10^9$ — Ámbar más antiguo

Sal de roca más antigua

Cenozoico — Cuaternario — Neógeno — Paleógeno
Mesozoico — Cretácico — Jurásico — Triásico
Paleozoico — Pérmico — Proterozoico

nuevas capas, las moléculas de agua se aplastan y se convierten en hielo y en su interior quedan burbujitas de aire atrapadas y células de nuestros microorganismos. A medida que pasan los años, estas capas se van hundiendo en el casquete polar y van deslizándose hacia las costas. Algunos millones de años más tarde ese hielo llega a la costa, se fragmenta y forma icebergs. Estos se van fundiendo a medida que navegan a la deriva y todo el tiempo van liberando los microorganismos atrapados ¡hace millones de años!

¿Es posible que algunos todavía estén vivos? Pues resulta que sí. En la figura 8.5 he colocado en una línea del tiempo distintos estudios que han aislado microorganismos vivos de distintas muestras de hielo, de sal de roca e incluso de ámbar. Cada año los glaciares y casquetes polares del mundo liberan entre $10^{17}$ y $10^{21}$ microorganismos procedentes del pasado. Estos pasan a formar parte de la biosfera de los raros, aguardando encontrar el lugar y el momento para volver a crecer. Si lo consiguen, pueden intercambiar material

agrandado hasta alcanzar máximos durante los episodios de bola de nieve (*snowball Earth*), durante los que una parte muy grande del planeta estuvo congelada. Pero siempre ha habido lugares congelados. Pensemos en la Antártida. Cada año se deposita una pequeña cantidad de agua y de partículas traídas por la circulación de la atmósfera. En esta agua y estas partículas tenemos una muestra de la biosfera de los raros. Así que cada año se deposita una muestra de la microbiota de ese momento. A medida que van cayendo

genético con la microbiota actual y, es más, pueden volver a quedar atrapados en otra parte de la criosfera: un glaciar en los Andes, el permafrost en Siberia, o el hielo marino en el Ártico (figura 8.4). Potencialmente, estos ciclos de congelación y liberación podrían traer hasta el presente a microorganismos que vivieron hace miles de millones de años. Está claro que, con este mecanismo de viaje en el tiempo, la extinción de especies microbianas es muy improbable.

Resumiendo, la extinción de especies microbianas es seguramente muy lenta por las siguientes razones:

- Son muy abundantes y están dispersas por todo el planeta, así que la probabilidad de que alguna encuentre un ambiente adecuado es alta.
- Pueden resistir sin "comer" durante periodos de tiempo muy largos, escondidas de la depredación y los virus en la biosfera de los raros.

- No necesitan una pareja sexual para reproducirse. Una sola célula puede crecer y ser abundante si las condiciones son apropiadas.
- Pueden viajar en el tiempo. Pueden estar millones de años congeladas y luego volver a estar activas.

De nuevo, no sabemos si estos argumentos justifican el billón de especies de microorganismos o no. Pero queda claro que el número de especies microbianas puede ser inmenso.

---

**Recuadro D. La corta y triste historia del poo-uli.**

El poo-ouli (figura D.1) era una las especies de pinzones de Hawái que sobrevivieron a la colonización tanto de los polinesios (seguramente en el siglo V, cuando se extinguieron el 43% de las especies) como de los europeos (a partir del siglo XVIII, se extinguieron el 21%). Su pico tenía la punta del maxilar ligeramente más larga que la de la mandíbula, lo que le permitía alimentarse eficientemente de los caracoles que vivían en el suelo y en las ramas bajas de los bosques húmedos y fríos en las laderas a barlovento del Haleakala, el gran volcán de la isla de Maui (figura 4.5). Igual que vimos en las Canarias, las laderas nororientales de todas las montañas hawaianas están expuestas a los vientos alisios. Estos vientos saturados de humedad descargan el exceso de agua al remontar las montañas y, como resultado, la ladera de barlovento es extraordinariamente lluviosa, mientras que la de sotavento está a la sombra de los volcanes y es casi desértica. Esto es lo mismo que comentábamos en las Canarias. Además, la erosión de los materiales volcánicos produce cárcavas muy empinadas. A unos 2000 m de altura el resultado de todo esto es una zona de pendientes muy inclinadas, cubierta de un bosque lluvioso impenetrable, siempre nublado o lluvioso y con bajas temperaturas. No es extraño que estuviera muy poco explorado.

Figura D.1. Una de las pocas fotografías disponibles del poo-uli.
Fotografía: Paul E. Baker/USFWS.

En 1973 un grupo de estudiantes de la Universidad de Hawái emprendió un estudio de la fauna y la flora del bosque lluvioso de la Isla de Maui. Eran conscientes de que aquel hábitat remoto era uno de los pocos donde quizás todavía quedaban los restos de plantas endémicas que ya no se conocían en la naturaleza o de pájaros dados por desaparecidos. El 26 de julio de 1973, una de las estudiantes vio un pájaro que no encajaba con ninguno de los conocidos. Tenía una cola muy corta, era marrón oscuro por encima y beige por debajo y tenía una máscara negra alrededor de la cara. Durante los días siguientes, los zoólogos del grupo observaron más individuos. Generalmente, eran muy silenciosos, pero también muy confiados y se acercaban sin miedo a los investigadores. Descubrir una nueva especie de ave es un hecho insólito. Y descubrirla en Hawái, un lugar muy bien estudiado, era aún más sorprendente. Para poder confirmar que se trataba de una nueva especie, los biólogos tuvieron que matar tres individuos. Lo hicieron con el corazón encogido, pero no había alternativa. Si se trataba de una especie nueva, seguramente las autoridades harían esfuerzos para su conservación. Si no lo era, nadie haría nada. Este punto es uno de los más críticos a la hora de tomar decisiones de gestión del medioambiente. La taxonomía cuidadosa de las especies presentes en un lugar determinado es imprescindible para saber si esta zona requiere un esfuerzo de conservación prioritario o no. En pocos meses Tonnie Casey y Jim Jacobi, los dos estudiantes de zoología, describieron formalmente el poo-uli (*Melamprosops phaeosoma*) y estimaron su población total en unos 200 individuos. En una década, sin embargo, la población experimentó una debacle. En 1975 la densidad de población era de 76 pájaros por km²; en 1981, de 15 y en 1985 solo quedaban ocho pájaros por km², ¡un descenso del 90%! Parece que esta implosión iba en paralelo con un incremento de más del 450% en la actividad de cerdos asilvestrados en la zona. Los cerdos desenterraban las raíces destrozando el sotobosque, creaban charcos donde se podían reproducir los mosquitos e introducían semillas de plantas alóctonas. El poo-uli (y todos los otros pájaros endémicos como el nukupuu, el pseudonestor o el akohekohe) estaban en peligro de extinción. Era evidente que había que hacer algo para evitarlo.

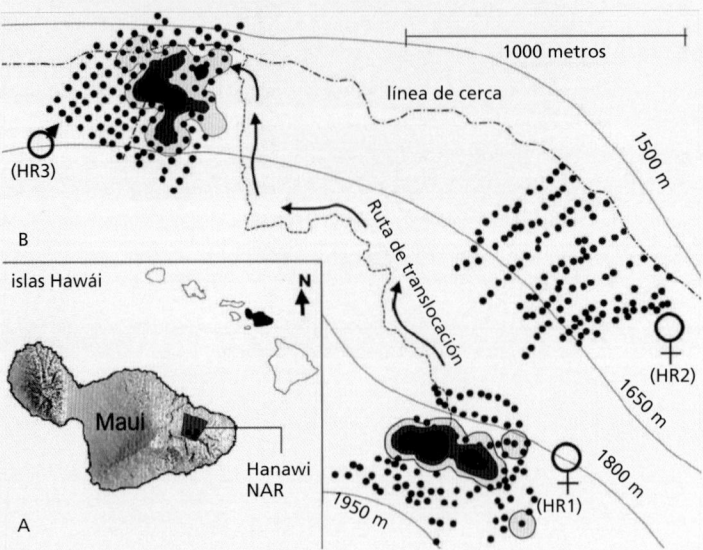

Figura D.2. A. Localización de la Reserva Hanawi, una zona de 700 hectáreas de bosque lluvioso casi prístina cerrada con alambrada. B. Localización de los tres territorios de poo-uli (HR1, HR2 y HR3) conocidos a principios del siglo. Los círculos negros indican marcadores en un sistema de referenciación, cada uno de los cuales incluye una estación de control de roedores. Las distancias entre territorios varían entre 1,5 y 2,5 km de terreno muy inclinado. Los contornos negros y grises indican límites de confianza del 50% y 95% del territorio ocupado por dos de los individuos. La translocación se hizo de HR1 a HR3.
Fotografía: Groombridge *et al.* (2004).

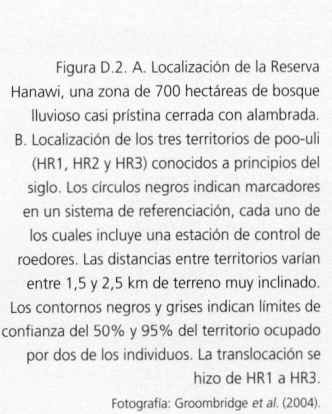

La primera opción para conservar una especie (y siempre la mejor a largo plazo) consiste en restaurar y conservar todo el hábitat. De esta manera no solo se conserva la especie amenazada, sino también su alimento, sus depredadores, sus refugios y sus competidores, la mejor garantía para la sostenibilidad de todo el ecosistema. En 1986, el estado de Hawái estableció con este propósito la Reserva del Área Natural Hanawi para proteger el terreno entre el Parque Nacional Haleakala, la Reserva de Waikamoi y la Reserva Forestal Ko'olau. Pero la declaración legal no hacía nada en contra de los cerdos o de las ratas, que continuaban aumentando sus actividades en la zona. Y, es más, cada una de estas reservas dependía de una administración diferente: el estado de Hawái, el Gobierno Federal y la ONG Nature Conservancy of Hawai'i. Ya sabemos el desbarajuste que resulta de esta dispersión administrativa… Comenzó una carrera contrarreloj para cerrar con alambradas cuantas más hectáreas mejor. Poner alambradas en estos bosques brumosos, lluviosos, empinados y fríos no era sencillo. Los trabajadores estaban permanentemente empapados, debían trabajar con el riesgo de resbalar y lesionarse con cualquiera de las crestas de lava o las ramas de Ohi'a. Y una vez cerrada un área había que cazar todos los cerdos, todas las ratas, mangostas, gatos asilvestrados y todas las cabras confiando en que las especies autóctonas volvieran a crecer. Este trabajo descomunal y continuado desde 1990 hasta 1997 fue suficiente para cerrar y limpiar de invasores tan solo una zona de 8 km$^2$. Mientras tanto, la población de poo-uli se había reducido aún más y durante la década de los noventa los investigadores apenas hacían una o dos observaciones en cada campaña, por lo que la estimación de la población de poo-uli en la reserva de Hanawi en 1996 fue de solo seis individuos. Durante 1997 y 1998, se hicieron esfuerzos para capturar, anillar y recoger datos de estos individuos. Después de muchas horas en el campo, se anillaron tres ejemplares y se recogieron algunas plumas para determinar el sexo. Resultó que eran un macho y dos hembras. Pero estaban en territorios tan alejados entre ellos que las probabilidades de que se encontraran eran ínfimas (figura D.2).

Hacia finales de los noventa, los investigadores eran conscientes de que seguramente aquellos tres ejemplares eran los únicos supervivientes del poo-uli. Hasta entonces habían intentado las técnicas de conservación sin manipulación de los pájaros (excepto la captura para anillar y determinar su sexo). Pero ahora no había más remedio que intentar una translocación: se capturaría una de las hembras y sería transportada al territorio del macho confiando en que esta pareja pudiera construir un nido y reproducirse (figura D.2). Manipular uno de los tres únicos ejemplares de una especie era extraordinariamente delicado. La pesadilla de los investigadores era que se les muriera mientras lo transportaban… De modo que durante un par de años se hicieron experimentos con diferentes jaulas con pinzones de las especies más abundantes, como el alahuahio de Maui, y se puso a punto un protocolo muy estricto. El 4 de abril de 2002, finalmente, pudieron capturar una de las hembras. Con mucho cuidado la metieron en la jaula y la transportaron por el bosque empinado, húmedo y frío, hasta el territorio del macho (figura D.2). La equiparon con radiotransmisores y allí la liberaron. Todo estaba preparado para hacer un seguimiento exhaustivo de sus movimientos. Pero al día siguiente, el ave, tranquilamente, volvió a su territorio sin querer saber nada del macho (Groombridge *et al.*, 2004).

El paso siguiente era aún más manipulativo. No había otro remedio que capturar los tres individuos e intentar la reproducción en cautividad. Esta estrategia había tenido éxito con otras especies hawaianas como el puiaohi, el nene, el palila o el akepa. Pero disponer de solo tres ejemplares ponía las cosas especialmente difíciles. A pesar de los esfuerzos de los investigadores, solo uno de los ejemplares pudo ser capturado después de 18 meses de extender las redes japonesas. Era el mismo que se había intentado translocar. Le faltaba un ojo y parecía viejo y, por tanto, era poco probable que se pudiera reproducir. Se realizaron análisis de sangre. Los resultados llevaron dos sorpresas: la primera fue que era un macho y no una hembra. ¡Con razón volvió enseguida a su territorio sin querer saber nada del otro macho! Y la otra, la peor, que tenía malaria aviar. Esto quería decir que los mosquitos habían llegado a Hanawi. El pájaro fue internado en el Centro de Recuperación de Aves de Olinda (Maui) y los veterinarios hicieron todo lo posible para recuperarlo. Pero, inevitablemente, el 26 de noviembre de 2004, el pájaro murió y, con él, desapareció otra especie. Los investigadores todavía hicieron el último paso de todo proyecto de conservación: tomar muestras de tejidos y congelarlas. Estas muestras, junto con la de otras especies extintas, descansan en el Zoo Congelado del Zoológico de San Diego, esperando un futuro "Parque Jurásico" que tal vez las resucite. Todo lo que queda del poo-uli, cuatro décadas después de su descubrimiento, son dos especímenes disecados y algunas células, especialmente fibroblastos, conservadas en nitrógeno líquido. Esta tragedia no le pasará nunca a una bacteria. Porque las bacterias no necesitan pareja para reproducirse.

# 9. Evolución molecular

EL número de pétalos de las flores es un carácter útil para clasificar a las plantas con flores. Por ejemplo, los miembros del género *Aeonium* tienen entre ocho y 12 pétalos, mientras que los del género *Greenovia* tienen entre 18 y 32. Este es un carácter sencillo de determinar y, por tanto, es muy útil. Pero no sirve más que para las plantas con flores. Ni siquiera sirve para los pinos y, por supuesto, no sirve para ninguno de los demás seres vivos. Entonces, ¿cómo averiguar las relaciones filogenéticas entre todos los seres vivos? ¿Cómo podemos comparar bacterias con elefantes de forma correcta? ¿Cómo podemos llegar a una clasificación natural de toda la vida y no solamente de animales y plantas?

Necesitamos uno o varios caracteres universales (que estén presentes en todos) que permitan comparar todos los seres vivos entre sí.

Además, queremos que nuestra clasificación refleje la historia de la vida en el planeta. En la tabla 9.1 se muestran algunas fechas aproximadas. Como se ve, la vida apareció solo unos millones de años después de que la Tierra experimentara el tremendo choque que dio lugar a la Luna. Hay que considerar estas fechas con prudencia, porque la evidencia de vida en esas épocas ancestrales no es suficientemente convincente. Pero en algún momento apareció LUCA (figura 9.1).

| EVENTO | MOMENTO (MILLONES DE AÑOS) |
|---|---|
| Origen del universo | 14 000 |
| Impacto que originó la Luna | 4520 |
| Posible origen de LUCA* | 4500 |
| Evidencia clara de vida más antigua* | 3400 |
| Oxigenación de la atmósfera* | 2400 |
| Aparición de los eucariotas* | 1800 |
| Aparición de los animales multicelulares | 635 |
| Explosión cámbrica | 541 |
| Plantas terrestres | 500 |
| Plantas vasculares | 400 |
| Aparición de los mamíferos | 220 |
| Aparición del género Homo | 2,5 |
| Aparición de Homo sapiens | 0,3 |

Tabla 9.1. Fechas aproximadas de los eventos más señalados de la evolución.
*Estimaciones de Betts *et al.* (2018).

No sabemos cómo era este ser vivo. Pero deducimos que todos los seres vivos actuales procedemos de este ancestro. Este recibe el nombre del "último ancestro común universal" (LUCA en inglés). Necesitamos caracteres que ya estuvieran en LUCA y que, por lo tanto, hayamos heredado todos. Hay algunas funciones que son tan esenciales para la vida que absolutamente todos los herederos de LUCA las tenemos. Lo más básico es conservar la información para desarrollar un ser vivo (guardada en el ADN) y el mecanismo para fabricar las proteínas (el ARN y los ribosomas, recuadro E). Estas funciones son tan importantes que las moléculas que las llevan a cabo no pueden variar mucho, porque dejarían de cumplir bien esa función, así que son candidatas ideales para nuestro propósito. A finales de la década de los setenta del siglo XX, Carl R. Woese (1928-2012) pensó que lo mejor era centrase en el gen del ARN ribosómico 16S (ARNr 16S), el que hasta ahora hemos venido llamando el código de barras. Este gen y su correspondiente ARN tiene muchas ventajas. Forma parte del ribosoma, que es la estructura que fabrica las proteínas, por lo tanto, ha variado muy poco (véase el recuadro E). Es decir, nos permite hacer comparaciones entre organismos muy distantes como una bacteria y un elefante. Y tiene una longitud suficiente para proporcionar información, pero suficientemente corta como para ser asequible con las técnicas de secuenciación de la época. Por estas razones, el ARNr 16S se convirtió en el código de barras más utilizado. En octubre de 2023, SILVA[1], una de las bases de datos más utilizadas de este gen, tenía cerca de diez millones de secuencias. Si tenemos un organismo y queremos saber qué es, secuenciamos su ARNr 16S y lo comparamos con los que hay en SILVA. Esto es lo que hicimos con *Leeuwenhoekiella blandensis*. Vimos que se parecía mucho a otras bacterias del género *Leeuwenhoekiella*, pero que tenía suficientes diferencias para considerarla una especie nueva.

El gen ARNr 16S está formado por aproximadamente 1500 nucleótidos. Si comparamos dos de estos genes, estamos utilizando 1500 caracteres distintos. Adanson se habría sentido reivindicado. Con los caracteres morfológicos dijimos

1. Véase www.arb-silva.de/.

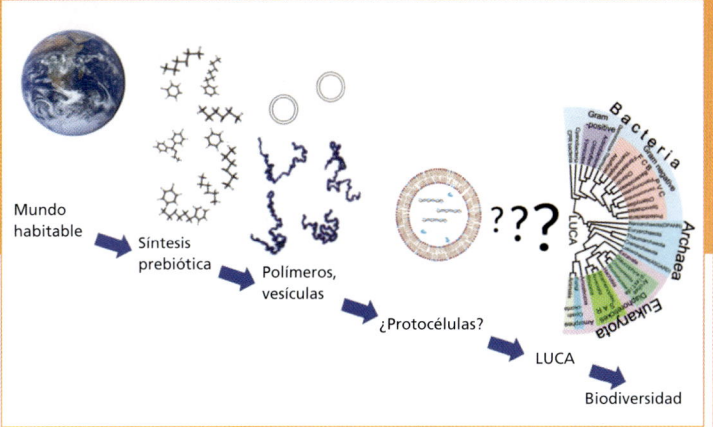

Figura 9.1. Primeros estadios del origen de la vida. Como se ve, hay una gran ignorancia respecto al origen de LUCA, a partir del cual se ha desarrollado toda la vida.
Fuente: Adaptado de Chiswick Chap.

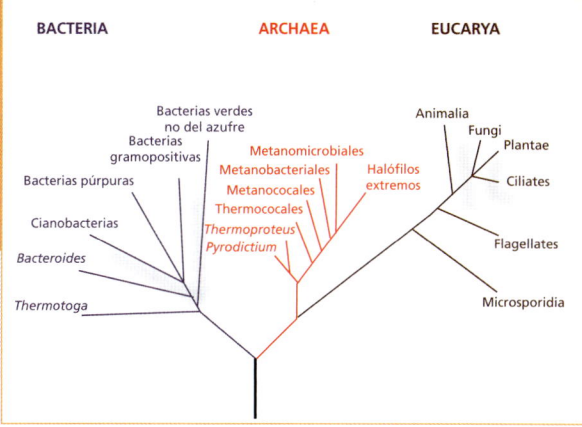

Figura 9.2. Árbol filogenético de la vida propuesto por Carl Woese con los tres dominios.
Fuente: Adaptado de Woese *et al.* (1990).

que algunos seguramente eran más reveladores e importantes que otros. Esto también sucede con los moleculares, en este caso con los nucleótidos del gen ARNr 16S. Algunas partes de esta molécula son casi idénticas en casi todos los seres vivos y, en cambio, otras han variado bastante. Las primeras nos sirven para comparar seres muy distantes y las segundas, para comparar los que hace poco que se separaron en la evolución. Cuando Woese planteó esta aproximación, causó una revolución en la biología. Por fin, todos los seres vivos, absolutamente todos, desde las bacterias hasta las ballenas, podían incluirse en un solo árbol de la vida, un árbol que reflejaba las relaciones filogenéticas verdaderas y que permitía una clasificación sistemática. La principal

sorpresa de este árbol fue que la vida se dividía en tres grandes grupos, llamados "dominios" por Woese, (figura 9.2): bacterias, arqueas y eucariotas. Nada de animal, vegetal y mineral, como se pensaba en el siglo XIX, y nada de los cinco reinos (animales, plantas, hongos, protistas y procariotas), como se extendió en el siglo XX. El sistema de Woese nos hizo conscientes una vez más de hasta qué punto nuestra visión de la naturaleza estaba sesgada por nuestro tamaño. La verdadera diversidad no estaba en los tucanes y las orquídeas, sino en los microorganismos.

En los 45 años que han transcurrido desde el primer artículo de Woese, las técnicas de secuenciación han avanzado tanto que ahora en lugar de un código de barras (de un solo gen) podemos

utilizar los genomas completos (todos los genes de cualquier ser vivo). Obviamente, esto nos da una información todavía más detallada. En la figura 9.3 se ilustra un árbol de la vida publicado hace ya algunos años. Aunque se puede disponer de la información de los genomas completos, comparar tantos seres vivos con todos sus genomas y construir un árbol sería un proceso muy lento y pesado. Por eso Hug *et al.* (2016) construyeron ese árbol con la información de 16 genes, ni solamente uno ni todo el genoma. Se usaron genes que codificaban proteínas de los ribosomas. Igual que el ARNr 16S, también están muy conservadas, porque cumplen la misma función: fabricar proteínas. Pero en lugar de solamente 1500 caracteres (nucleótidos en el ADN)

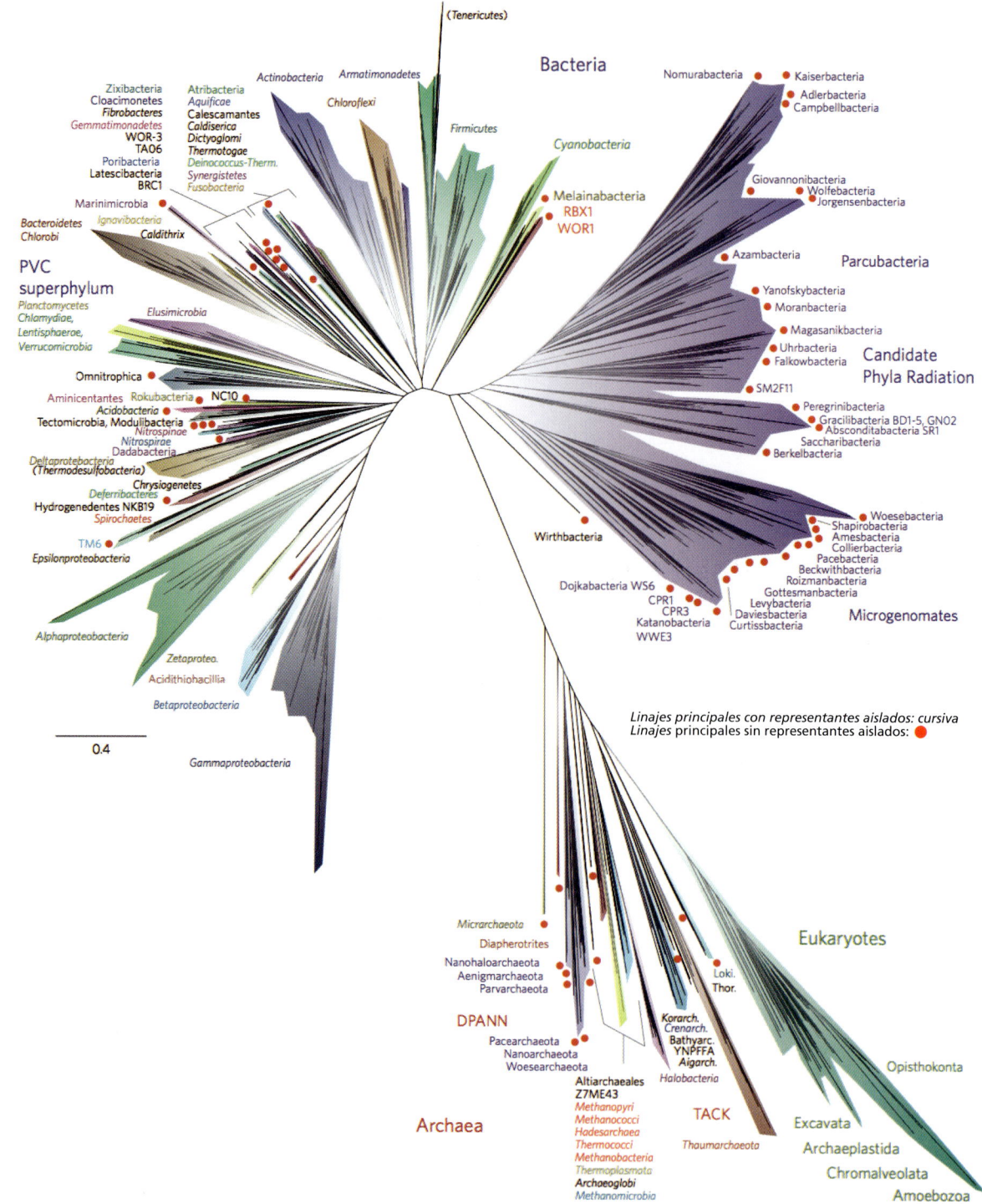

Figura 9.3. Árbol filogenético de los seres vivos basado en 20 proteínas ribosomales. Los eucariotas aparecen como una rama derivada de las arqueas. Las ramas con un punto rojo no tienen ningún representante en cultivo puro.
Fuente: Hug *et al.* (2016).

## Recuadro E. La maquinaria celular universal. El código de barras.

Para entender por qué Carl R. Woese escogió el ARNr 16S para clasificar a los seres vivos, hay que saber qué hace esta molécula. La molécula se llama ARN ribosómico 16S (ARNr 16S). Pero primero tenemos que ver cómo la información almacenada en el ADN se convierte en proteínas. La estructura más grande de la figura es el ribosoma formado por dos subunidades, una más grande y otra más pequeña (distintos tonos de verde en la figura E.1). Los ARNr 16S y 18S forman parte de la subunidad más pequeña de los ribosomas de procariotas y eucariotas respectivamente. Nombrar 16S o 18S es porque en el ribosoma hay otros ARNs, unos más pequeños (5S) y otros más grandes (23S-28S).

El ribosoma está "leyendo" una cadena de ARN mensajero. El ARN mensajero tiene una secuencia de bases que es una transcripción literal de la secuencia de bases del ADN y el ribosoma es la estructura encargada de leer esta secuencia y traducirla a la proteína adecuada. Para ello hace falta un tercer tipo de ARN, el ARN de transferencia. Hay tantos ARNt como aminoácidos diferentes. Cada ARNt tiene una secuencia de tres bases que es complementaria de la que aparece en el ARNm. Cuando el ARNt con la secuencia correcta entra en el sitio A del ribosoma, el aminoácido que lleva es añadido a la cadena de aminoácidos que formará la proteína. De este modo se garantiza que la información conservada en el ADN pase al ARN mensajero y gracias a los ARNt se traduzca en la secuencia de aminoácidos correcta. Ya se ve que este mecanismo es tan importante para la célula que ha permitido muy pocos cambios a lo largo de la evolución. Se dice que el ribosoma es una estructura muy conservada, que no ha variado mucho en los más de 3500 millones de años que la vida lleva sobre la Tierra. Por esta razón, permite comparar organismos que se han diferenciado mucho unos de otros, por ejemplo, las bacterias del yogur y nosotros. Esto hace que el ARNr 16S sea extraordinariamente útil para clasificar a todos los seres vivos en un sistema coherente.

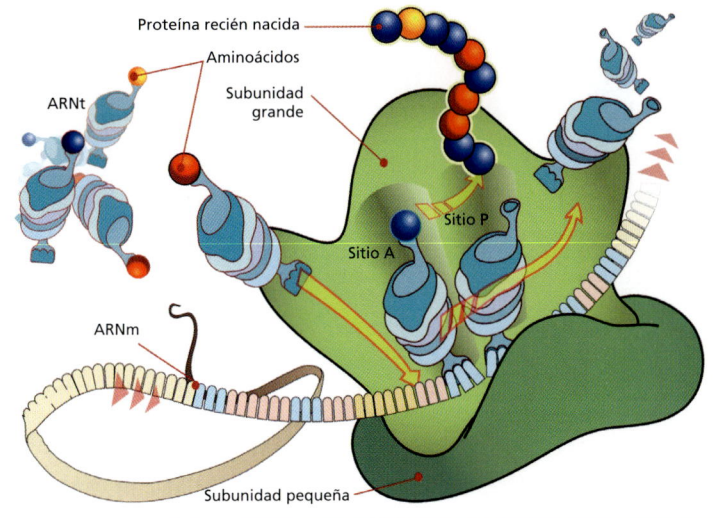

Figura E.1. El ribosoma y la síntesis de proteínas.
Fuente: Adaptado de Wikipedia.

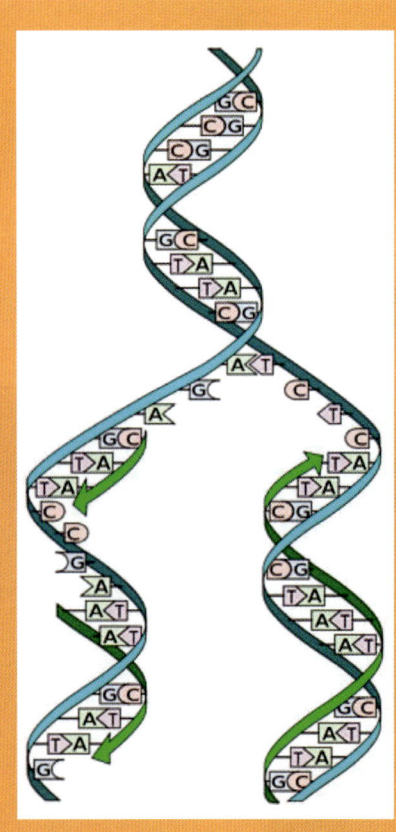

Figura 9.4. Estructura del ADN formando una doble hélice.
Fuente: Wikipedia.

aquí se usaron 7788 y se compararon 3083 seres vivos. Adanson estaría feliz.

Este árbol revela varias cosas. En primer lugar, se ven dos grandes ramas, no tres como veíamos con el ARNr 16S. La que tiene más hojas es la de las bacterias y la otra es la de las arqueas. Fijémonos en que los eucariotas somos una rama lateral de las arqueas. En el árbol de Woese ya se veía que arqueas y eucariotas estaban más cerca entre ellas que de las bacterias. Con la mayor cantidad de información, esta separación se ve con mayor precisión. Este árbol no contradice el del ARNr 16S de Woese, pero nos da una información y un detalle mucho más ricos.

Otro punto que ya hemos comentado es que, normalmente, para describir una especie de microorganismo, hay que aislarlo en un cultivo puro, de modo que podamos estudiar su composición y su fisiología. Pues bien, todas las ramitas que tiene un punto rojo son ramas de las que no existe ningún microorganismo aislado en cultivo puro. Fijémonos en la rama de bacterias "radiación de filos candidatos" (Candidate Phyla Radiation) en color violeta, arriba, a la derecha. Ninguno de sus componentes ha sido aislado en cultivo puro y, sin embargo, muestran una gran diversidad y riqueza de filos. Esto nos da una idea de nuestra gran ignorancia sobre la diversidad de la vida.

El lector seguramente se esté haciendo la siguiente pregunta. Si no tenemos microorganismos aislados de todas esas ramas, ¿cómo es posible tener las secuencias de esas 16 proteínas ribosomales?, ¿de dónde han salido? La respuesta es la metagenómica, que permite extraer del medioambiente todos los genes de todos los seres vivos que hay en él. Esto se explica mejor en el recuadro F. Obviamente, esta aproximación nos da las secuencias de ADN de todos los seres vivos, pero como no tenemos el cultivo puro, no podemos hacer experimentos de fisiología, por ejemplo. Sigue siendo necesario hacer esfuerzos por aislar cuantos más microorganismos podamos en cultivo puro mejor. Pero al menos la metagenómica nos permite tener una visión menos sesgada de la biodiversidad.

## El código genético y la evolución molecular

La figura 9.4 muestra la estructura del ADN. Se trata de dos cadenas que enlazan eslabones de cuatro nucleótidos con bases nitrogenadas: adenina (A), citosina (C), guanina (G) y timidina (T). Debido a la particular estructura de estas moléculas, la A siempre encaja con la T y la G con la C. De este modo, si sabemos la secuencia de bases en una cadena de ADN podemos predecir cual será la complementaria. Cuando el ADN se duplica, las dos cadenas se separan y una

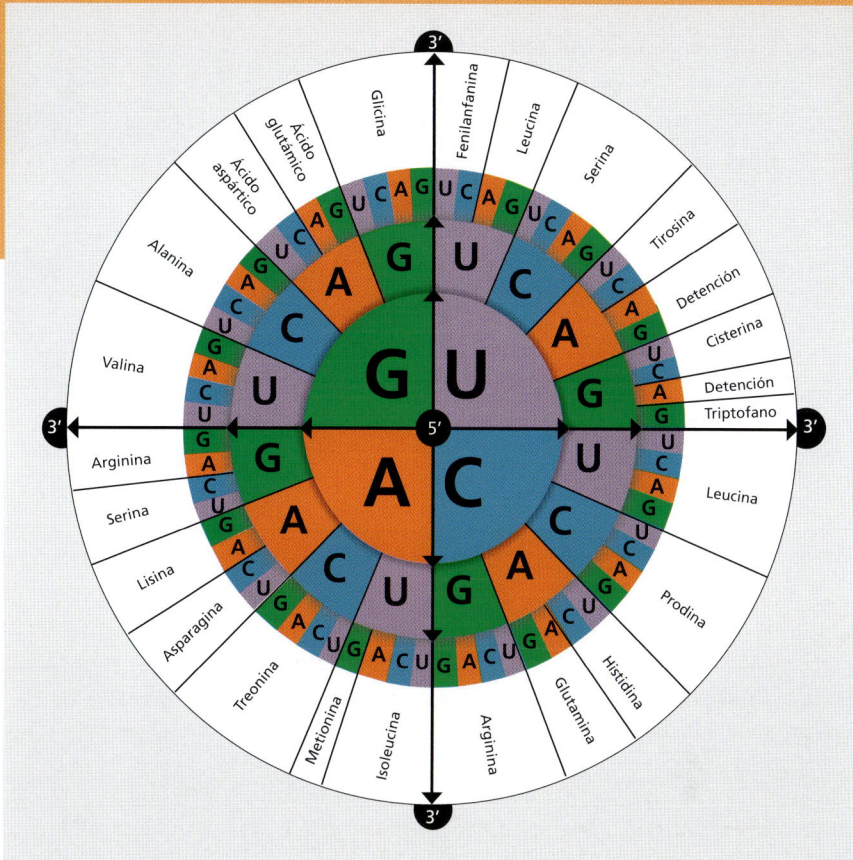

maquinaria celular añade los
complementos a cada cadena, como se ve
en la parte inferior. De este modo
tenemos dos dobles hélices idénticas
donde solamente teníamos una. En
realidad, esta maquinaria comete errores
y de cuando en cuando coloca una T en
lugar de una G, por ejemplo. La doble
hélice que resulte de este proceso tendrá
una mutación. Las células tienen
mecanismos para reparar estas
mutaciones, de manera que las que
realmente se transmiten a la descendencia
son una minoría. Pero de cuando en
cuando esa mutación no se repara y pasa
a la descendencia.

Para poder sintetizar una proteína, la
maquinaria celular "lee" la secuencia de
bases del ADN y fabrica una copia de
ARN. Este ácido ribonucleico tiene
pequeñas diferencias químicas con el
ADN (el ácido desoxirribonucleico).
La más relevante aquí, es que las tres
letras A, G y C se usan igual, pero la T se
reemplaza por la U (uracilo). La figura
9.5 muestra el código genético. Está
presentado como un mandala o como un
reloj. Cada aminoácido está codificado

por una palabra (llamada *codón*) de tres
letras (tres nucleótidos de los cuatro
posibles). Si, por ejemplo, queremos
incluir un triptófano (en el reloj está cerca
de las 3) en una proteína, tendremos que
hacerlo con la palabra UGG (TGG en el
ADN). Si se produjera una mutación que
cambiara la tercera letra de G a una A, se
produciría una catástrofe, porque UGA
significa STOP. El ribosoma se para y deja

de leer, con lo cual la proteína
correspondiente quedaría incompleta e
inservible. Esta mutación sería deletérea
para el organismo que la sufriera. En
cambio, si nos fijamos en la leucina, por
ejemplo, vemos que hay hasta cinco
palabras distintas que la codifican: CUG,
CUA, CUC, CUU, UUG y UUA (justo
después de las 3 del reloj). Si una
mutación cambia la tercera letra de CUG

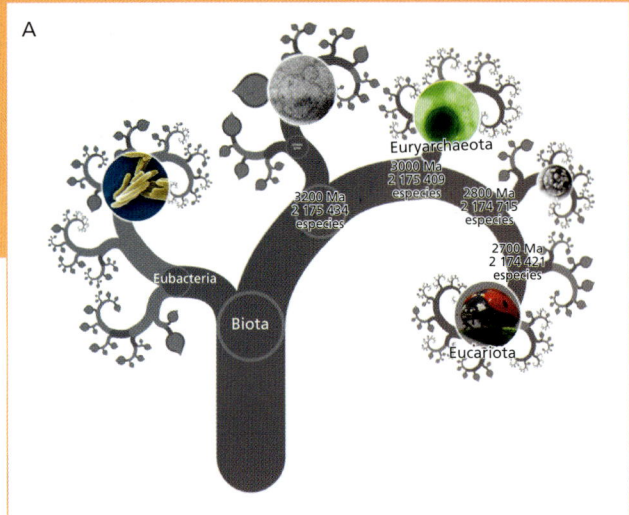

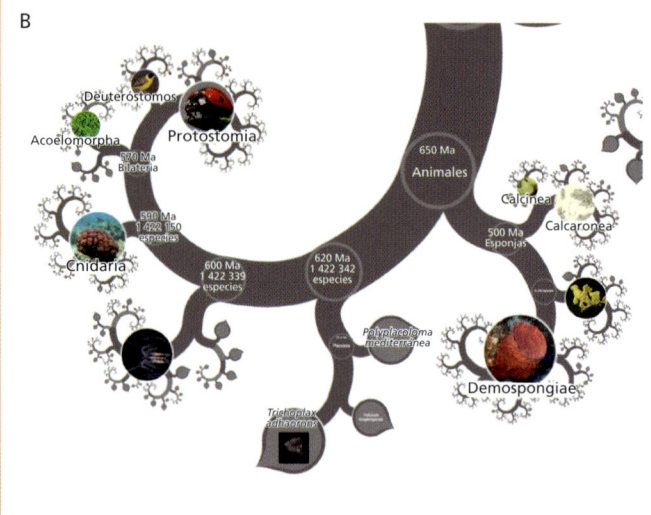

a CUA, la proteína que saldrá será idéntica, porque el ribosoma incorporará exactamente el mismo aminoácido, la leucina. Esta es una mutación neutra, porque no se nota en las proteínas.

Y este es el punto relevante para la filogenia. Ese cambio en la tercera letra no se nota en la proteína, pero persiste en el ADN de toda la descendencia del ser vivo que experimentó la mutación. Si ese ser vivo fue el antepasado común de chimpancés y humanos, ambos tendremos CUA, y no cualquiera de las otras cinco posibilidades, en esa posición de esa proteína. El resultado es que comparando las secuencias de ADN podemos trazar la herencia y así ver qué seres vivos están relacionados entre sí. Obviamente, una sola palabra no dice gran cosa, pero el ADN de todo un genoma

tiene miles de palabras como esta, cada una de las cuales es un carácter, que nos permitirán hacer una filogenia robusta. De nuevo Adanson estaría eufórico. Además, hay otros tipos de mutaciones que podemos aprovechar. En algunos casos faltan unos cuantos nucleótidos (deleciones) y en otros se han añadido algunos (inserciones). Los herederos compartirán muchas de las mismas deleciones e inserciones que su antecesor.

Por supuesto, no hay método perfecto. En los casos de radiaciones adaptativas en islas que hemos estudiado, normalmente encontramos pocas diferencias en las secuencias de ADN, porque la separación es muy reciente. Como normalmente no se compara todo el genoma, sino solamente algunos genes marcadores, puede que

para el grupo de organismos que estudiamos no sean los adecuados, porque varíen muy poco o demasiado. Hay que buscar los más adecuados en cada caso. Hay otro problema. Supongamos que dos especies heredan el codón CUA para la leucina en la proteína X. Puede ser que uno de los dos experimente otra mutación que vuelva a cambiar CUA por CUG. Es decir, deshacemos el cambio. Esto nos daría la falsa impresión de que esos dos seres vivos están menos relacionados de lo que en realidad están. Por este y otros motivos que superan el alcance de este libro, los expertos en filogenia utilizan modelos evolutivos que intentan corregir los problemas asociados. Pero lo verdaderamente maravilloso es que todos llevamos en nuestro ADN las trazas de nuestra historia evolutiva. Si

Figura 9.6. A-C. El árbol de la vida interactivo.
Fuente: One Zoom.

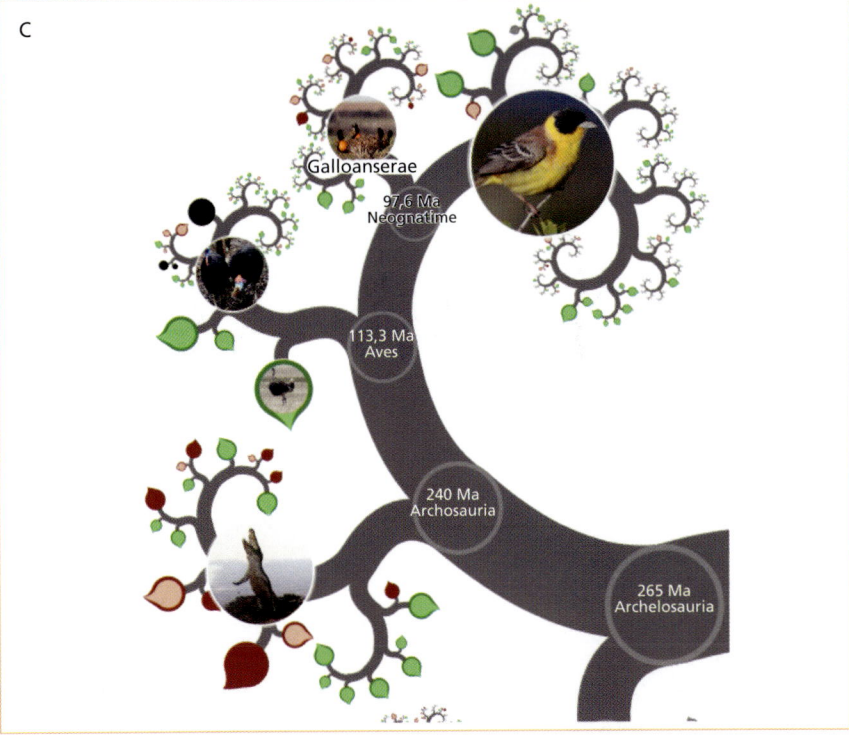

C

somos capaces de leerlas correctamente, conoceremos toda la historia de la evolución[2].

## Comparación entre caracteres morfológicos y moleculares

El siguiente punto es comprobar si la aproximación molecular coincide o no con la morfológica. Idealmente, ambas aproximaciones deberían producir el mismo resultado. Y, de hecho, esto es así en muchos casos. Pero hay otros en los que se contradicen. En estos casos hay que examinar cuidadosamente ambas aproximaciones para intentar descubrir dónde está el problema. Vamos a ver tres ejemplos con las plantas canarias.

Recordemos que teníamos dos especies que habían aparecido por hibridación homoploide en la península de Anaga (Tenerife). En el valle de Chamorga el polen de *A. broussonetii*

había fecundado el óvulo de *A. frutescens* subsp. *succulentum*, mientras que, en el valle de Crispín, el óvulo de *A. broussonetii* había sido fecundado por el polen de *A. frutescens* subsp. *frutescens*. En filogenia de plantas se suelen utilizar como marcadores fragmentos del ADN del núcleo de las células y del cloroplasto. El primero procede tanto del óvulo como del polen, pero el segundo procede exclusivamente del óvulo. Lo mismo ocurre con las mitocondrias. Este ADN de cloroplastos y mitocondrias nos permite observar separadamente la línea de herencia femenina. Pero en nuestras especies de magarzas ¿dónde aparecerán las especies híbridas *A. lemsii* y *A. sundingii*? Si nos fijamos solamente en el ADN del cloroplasto, una aparecerá muy próxima a *A. broussonetii* y la otra a *A. frutescens*. Si nos fijamos en el ADN del núcleo, ambas aparecerán a medio camino entre las dos. Y si lo juntamos todo, el lío puede ser considerable. Por eso, White y colaboradores (2020) las excluyeron de su árbol filogenético (figura 9.7). Como en este caso sabemos a ciencia cierta el

---

2. De momento, el lector puede jugar a explorar el árbol de la vida tal como se muestra en la figura 9.6 y en la dirección en la red www.onezoom.org/.

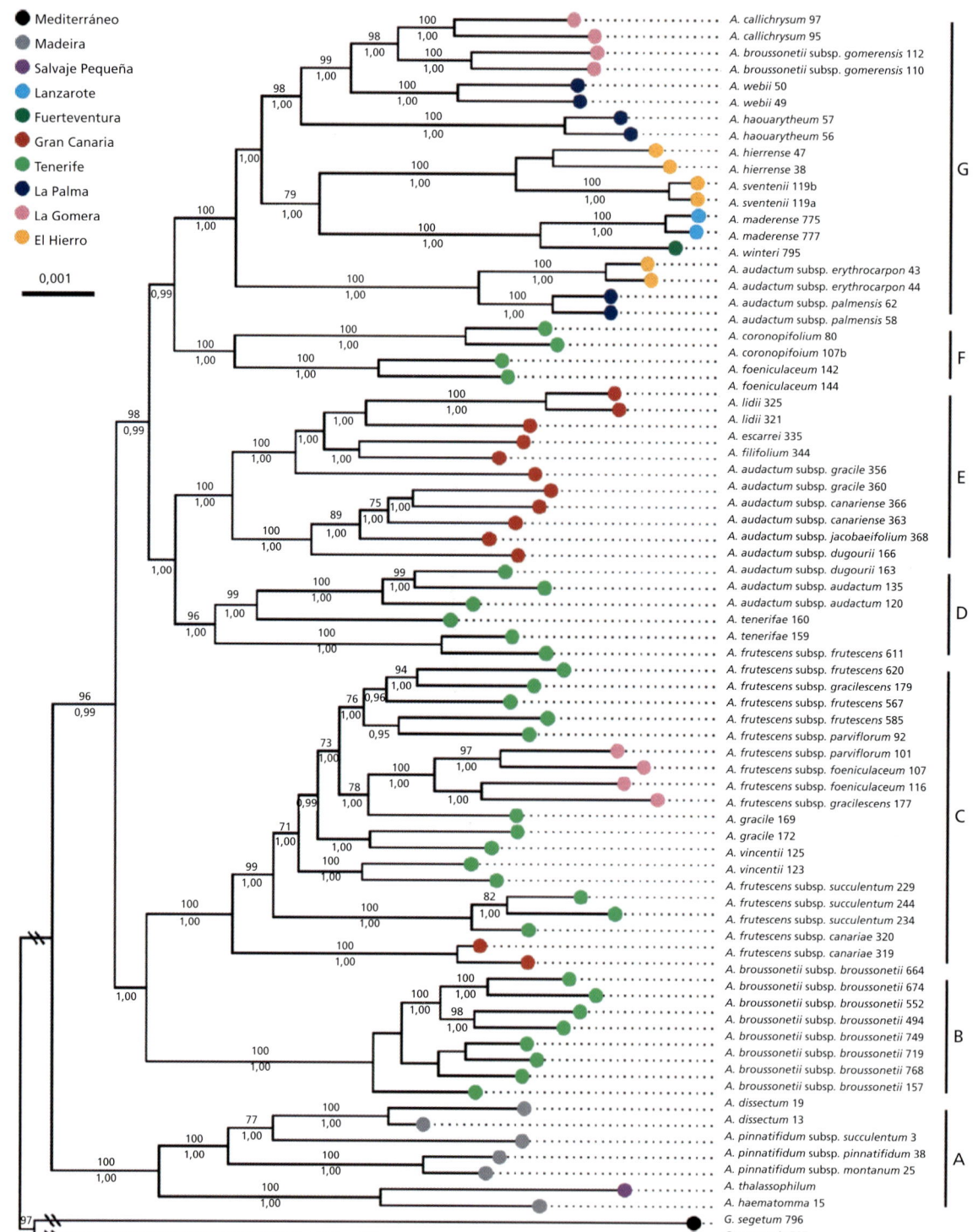

Figura 9.7. Árbol filogenético del género *Argyranthemum*.
Fuente: Adaptado de White *et al.* (2020).

Mediterráneo
Madeira
Salvaje Pequeña
Lanzarote
Fuerteventura
Gran Canaria
Tenerife
La Palma
La Gomera
El Hierro

0,001

A. callichrysum 97
A. callichrysum 95
A. broussonetii subsp. gomerensis 112
A. broussonetii subsp. gomerensis 110
A. webii 50
A. webii 49
A. haouarytheum 57
A. haouarytheum 56
A. hierrense 47
A. hierrense 38
A. sventenii 119b
A. sventenii 119a
A. maderense 775
A. maderense 777
A. winteri 795
A. audactum subsp. erythrocarpon 43
A. audactum subsp. erythrocarpon 44
A. audactum subsp. palmensis 62
A. audactum subsp. palmensis 58
A. coronopifolium 80
A. coronopifoium 107b
A. foeniculaceum 142
A. foeniculaceum 144
A. lidii 325
A. lidii 321
A. escarrei 335
A. filifolium 344
A. audactum subsp. gracile 356
A. audactum subsp. gracile 360
A. audactum subsp. canariense 366
A. audactum subsp. canariense 363
A. audactum subsp. jacobaeifolium 368
A. audactum subsp. dugourii 166
A. audactum subsp. dugourii 163
A. audactum subsp. audactum 135
A. audactum subsp. audactum 120
A. tenerifae 160
A. tenerifae 159
A. frutescens subsp. frutescens 611
A. frutescens subsp. frutescens 620
A. frutescens subsp. gracilescens 179
A. frutescens subsp. frutescens 567
A. frutescens subsp. frutescens 585
A. frutescens subsp. parviflorum 92
A. frutescens subsp. parviflorum 101
A. frutescens subsp. foeniculaceum 107
A. frutescens subsp. foeniculaceum 116
A. frutescens subsp. gracilescens 177
A. gracile 169
A. gracile 172
A. vincentii 125
A. vincentii 123
A. frutescens subsp. succulentum 229
A. frutescens subsp. succulentum 244
A. frutescens subsp. succulentum 234
A. frutescens subsp. canariae 320
A. frutescens subsp. canariae 319
A. broussonetii subsp. broussonetii 664
A. broussonetii subsp. broussonetii 674
A. broussonetii subsp. broussonetii 552
A. broussonetii subsp. broussonetii 494
A. broussonetii subsp. broussonetii 749
A. broussonetii subsp. broussonetii 719
A. broussonetii subsp. broussonetii 768
A. broussonetii subsp. broussonetii 157
A. dissectum 19
A. dissectum 13
A. pinnatifidum subsp. succulentum 3
A. pinnatifidum subsp. pinnatifidum 38
A. pinnatifidum subsp. montanum 25
A. thalassophilum
A. haematomma 15
G. segetum 796
G. coronaria 797

G
F
E
D
C
B
A

| NOMBRE ANTIGUO | A. BROUSSONETII BROUSSONETI | A. BROUSSONETII GOMERENSE | A. CALLICHRYSUM |
| --- | --- | --- | --- |
| Hojas | Sésiles | Pecioladas | Pecioladas |
| Dientes o lóbulos primarios hasta la base de la hoja | Sí | No | No |
| Capítulo diámetro (cm) | 1,4-2,0 | 0,75-1,5 | 0,75-1,5 |
| Cipselas discoidales | 2 alas | 1 ala | 1 ala |
| Cipselas radiales | Típicamente solitarias | Fusionadas o solitarias | Fusionadas o solitarias |
| Hojas | Bipinnatífidas | Bipinnatífidas | Bipinnatisectas |
| Lóbulos primarios | | Obovados | Linear lanceolados |
| Lóbulos anchura cm | | 0,75-1,5 | 0,2-0,75 |
| Nuevo nombre | *A. broussonetii* | *A. callichrysum gomerense* | *A. callichrysum callichrysum* |

Tabla 9.2. Caracteres comparados entre los tres taxones de *Argyranthemum*.

origen de las dos especies, podemos hacer como ellos y no incluirlas en el árbol general para evitar problemas. Pero si no tuviéramos esa información, nos encontraríamos con una incongruencia difícil de resolver. Por eso, cuando hay incoherencias, hay que seguir buscando más marcadores y posibles razones.

El siguiente ejemplo afecta a *A. broussonetii* y *A. callichrysum*. Humphries, basándose sobre todo en el tamaño de los lóbulos de las hojas, había considerado que *A. broussonetii* tenía dos subespecies, una en Tenerife (*A. broussonetii* subsp. *broussonetii*) y otra en La Gomera (*A. broussonetii* subsp. *gomerense*). Además, en La Gomera había otra especie de magarza a la que llamó *A. callichrysum*. Pero White y colaboradores vieron que *A. broussonetii* subsp. *gomerense* no aparecía en el árbol filogenético junto a *A. broussonetii* subsp. *broussonetii*, sino junto a *A. callichrysum* (figura 9.7, los dos taxones de la parte superior, en el grupo G, mientras que *A. broussonetii subsp. broussonetii* aparece en la parte inferior en el grupo B). Este es un caso típico en el que la morfología y los marcadores moleculares discrepan. Lo que hicieron White y colaboradores fue analizar el caso a fondo examinando todos los caracteres morfológicos que pudieron de los tres taxones. El tamaño de las hojas, efectivamente, era más parecido entre las dos subespecies de *A. broussonetii*, pero una serie de otros caracteres eran más próximos entre *A. callichrysum* y *A. broussonetii* subsp. *gomerense*. En la tabla 9.2, los cinco primeros caracteres separan a *A. broussonetii* subsp. *broussonetii* de las otras dos, y los últimos tres caracteres separan a estas últimas entre sí. Como resultado, teniendo en cuenta la morfología detallada y los marcadores moleculares, White y colaboradores redefinieron *A. broussonetii* subsp. *gomerense* como *A. callichrysum* subsp. *gomerense*, de modo que la taxonomía encaja con los marcadores moleculares y morfológicos. El problema aquí fue que Humphries se fijó en el tamaño de los lóbulos de las hojas para juntar las dos *A. broussonetii*, pero como ya vimos, este

Figura 9.8. Diferencias en el ancho de las hojas de la especie de *Argyranthemum* de bosque (A y B) y la que crece a pleno sol (C y D). La Gomera, *CG Callichrysum gomerense, CC Callichrysum callichrysum.*

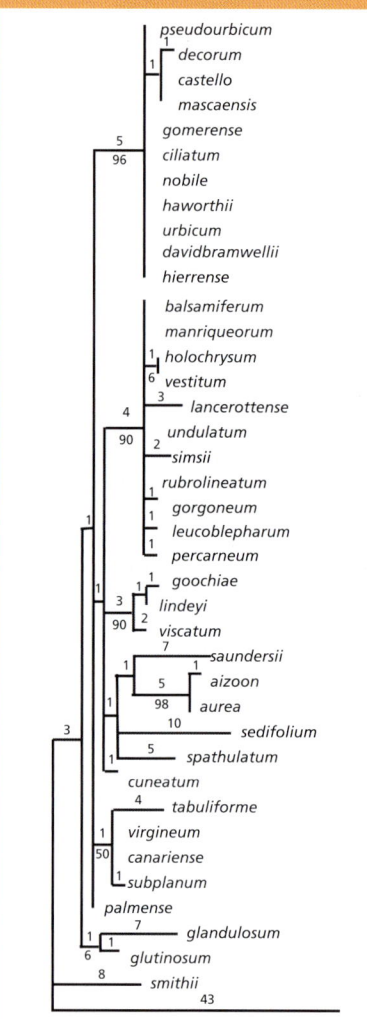

Figura 9.9. Árbol filogenético de taxones del género *Aeonium* basado en las regiones ITS1-5,8S ARNr-ITS2 del núcleo celular. En total unos 400 nucleótidos.
Fuente: Adaptado de Jørgensen y Frydenberg (1999)

carácter depende del hábitat. Las especies que viven expuestas al sol tienen lóbulos pequeños mientras que las que viven en el sotobosque de la laurisilva los tiene más grandes (figura 4.14). *A. callichryum* subsp. *gomerense* y *A. broussonetii* subsp. *broussonetii* viven ambas en la laurisilva y por eso habían experimentado una convergencia adaptativa morfológica que no reflejaba la filogenia. *A. callichrysum* subsp. *callichrysum* vive en lugares más expuestos y tiene unos lóbulos más estrechos (figura 9.8). De nuevo, Adanson estaría feliz, la elección de un carácter determinado, el ancho de los lóbulos de las hojas, resultó ser equivocada. En principio todas las discrepancias entre ambas aproximaciones deberían poder resolverse satisfactoriamente como esta.

Pero claramente implica mucho trabajo y no siempre se puede. El tercer ejemplo es una muestra de una situación mal resuelta. Se trata del género *Aeonium*, los bejeques de la Macaronesia que analizamos en detalle en el capítulo 5. En la figura 9.9 aparece uno de los primeros árboles de este género que se construyeron con caracteres moleculares. Dado que este estudio se publicó en 1999, cuando aún no se disponía de las técnicas de secuenciación masiva actuales, el árbol se construyó con solamente unos 400 caracteres (nucleótidos). Empezando por la parte superior, desde *Aeonium pseudourbicum*

hasta *A. hierrense*, la técnica no fue capaz de discriminar unas especies de otras. Y lo mismo sucede con otros grupos. Este es un ejemplo claro de falta de resolución. Dos cosas que sí se ven son que los dos miembros del género *Greenovia* estudiados (*aizoon* y *aurea*) salen juntitos e incluidos dentro del árbol de *Aeonium* y que los cinco taxones con rosetas basales analizados salen también juntos (*A. tabuliforme*, *A. virgineum*, *A. canariense*, *A. subplanum* y *A. palmense*). Estas dos características son tan robustas que incluso se ven en un árbol poco resolutivo como este y se han conservado en todos los árboles posteriores.

En la figura 9.10 se muestra el árbol más recientemente publicado por Messerschmidt y colaboradores en 2023. En este caso se utilizaron 4280 regiones del ADN que abarcaban un millón y medio de nucleótidos en total. Ya nos podemos imaginar a Adanson dando saltos de felicidad. Es fácil ver que el árbol tiene mucha mayor resolución que el anterior. La mayoría de los taxones aparecen separados de los demás por ramas de mayor o menor longitud, pero separados unos de otros. Fijémonos en que los miembros del género *Greenovia* (*aureum*, *dodrantale*, *aizoon* y *diplocylcum*) siguen apareciendo juntos en un grupo separado de los demás. Y, de nuevo, los de la sección canariense también forman un grupo bien separado. Estos grupos son monofiléticos

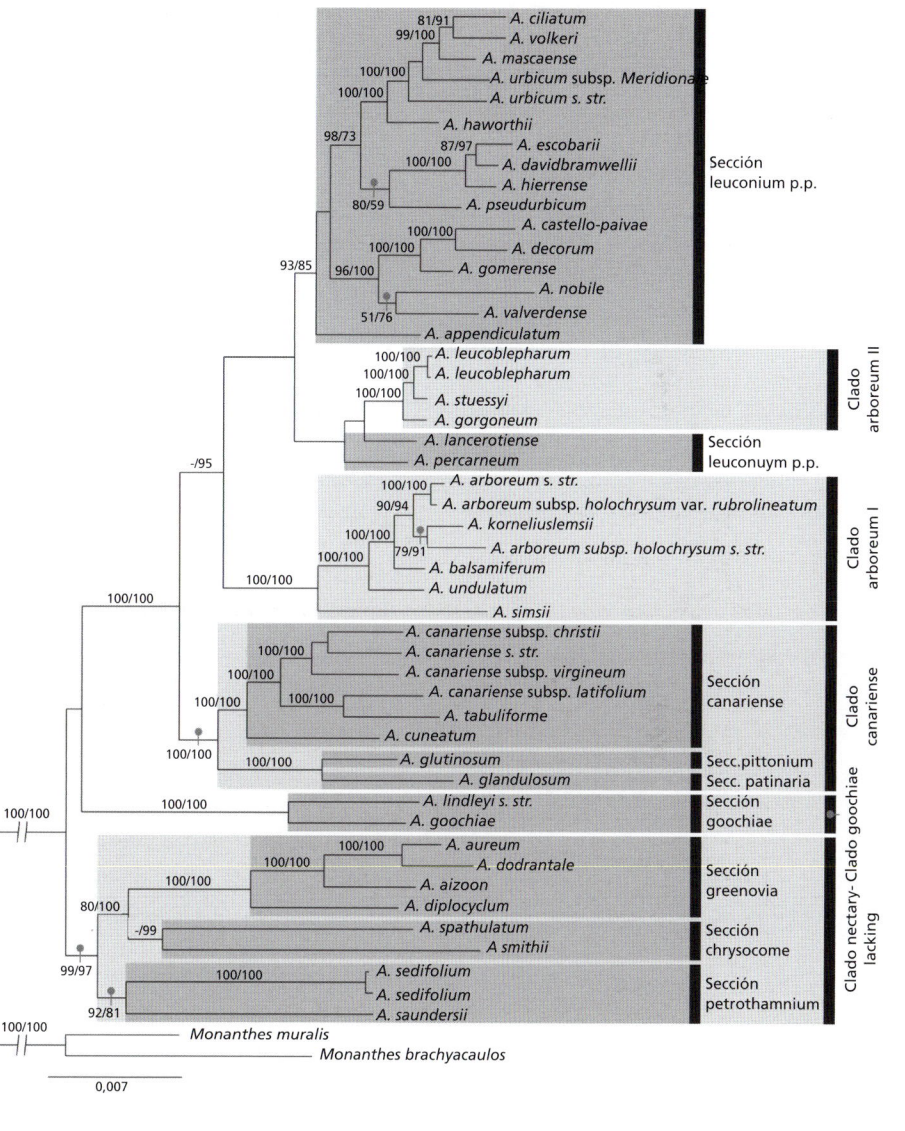

Figura 9.10. Árbol de máxima verosimilitud de taxones del género *Aeonium* considerando 4280 loci y un millón y medio de nucleótidos.
Fuente: Messerschmidt *et al.* (2023).

porque los taxones que los componen tienen un antepasado común. Como decíamos, la relación es tan robusta que se veía incluso con el árbol anterior.

Sin embargo, muchos de los demás grupos aparecen con relaciones distintas según el método que se use para construir el árbol. Messerschmidt y colaboradores probaron cuatro formas distintas de construirlos y, como digo, los resultados fueron diferentes. Por ejemplo, *A. lindleyii* y *A. goochiae* aparecieron siempre juntos formando un grupito, pero en cada árbol ocupaban una posición distinta respecto a los demás grupos. Obviamente esto son malas noticias. A pesar de los muchos caracteres empleados, todavía no tenemos un árbol robusto. Y hay otro problema. Las *Greenovia* forman un grupo monofilético muy claro, pero queda englobado dentro del gran árbol de *Aeonium*. Una de las aspiraciones de la taxonomía es que todos los géneros sean monofiléticos, pero si *Greenovia* está dentro de *Aeonium*, este último deja de ser monofilético (pasa a ser parafilético). Así que tenemos otro problema. Algunos autores decidieron cambiarles el nombre a todos los miembros del género *Greenovia*, que pasaron a llamarse *Aeonium aureum, dodrantale, aizoon y diplocyclum*, y así "solucionaban" el problema.

Pero otros autores piensan que este cambio es prematuro. La razón es que el género *Greenovia* es muy fácilmente diferenciable de *Aeonium*. Un carácter muy sencillo de ver, que ya hemos comentado, es que los primeros tienen 18 o más pétalos, mientras que los segundos solamente tienen cerca de diez. Este tal vez no sea un carácter muy importante, pero hay otro que sí

es fundamental: la implantación de los óvulos en la placenta de los ovarios, que es muy diferente, central-libre en *Greenovia* y marginal en *Aeonium*. Esta diferencia anatómica afecta al aparato reproductor femenino. En la mayoría de las ocasiones, todos los miembros de un género de plantas tienen el mismo tipo de placentación. Solamente en géneros con un número muy grande de especies hay variaciones y probablemente esto quiere decir que ese género está mal definido. Y también hay diferencias fisiológicas, como el hecho de que los miembros del género *Aeonium* realicen una fotosíntesis tipo CAM, mientras que los de *Greenovia* la

hacen mixta CAM y C3. Parecen diferencias suficientemente importantes como para no juntar los dos géneros sin más. Lo prudente en estos casos es no hacer cambios y realizar más estudios como lo que se hicieron con *Argyranthemum*. La dificultad es que esto lleva mucho trabajo y hay muchos problemas similares tanto en zoología como en botánica.

Así que no tenemos más remedio que vivir con una doble incertidumbre: a gran escala no tenemos ni idea de con cuántos seres vivos compartimos la Tierra y a pequeña escala no estamos seguros de la clasificación de los pocos que sí conocemos.

Dado que con los microorganismos la morfología no es suficiente para identificarlos y que aislarlos en cultivo puro es complicado y no se ha conseguido con la mayoría de ellos, los microbiólogos han desarrollado tres aproximaciones diferentes para intentar saber cuántos taxones hay en un ambiente determinado (figura F.1). Partimos de una comunidad compleja en la que hay una mezcla de muchas especies. La primera aproximación consiste en tomar muestras e incubarlas para conseguir aislar microorganismos en cultivo puro. Lo ideal es tenerlos creciendo en una placa de medio sólido como la que veíamos en la figura 7.10. A partir de aquí podemos extraer el ADN y secuenciar bien el código de barras, unos cuantos marcadores o bien todo el genoma. Hoy en día esto es trivial. Como solamente tenemos un microorganismo, obtenemos su genoma de forma limpia, no contaminada por el ADN de otros organismos. El problema, como ya hemos comentado, es que hay una inmensa mayoría de microorganismos que no hemos sabido aislar en cultivo puro.

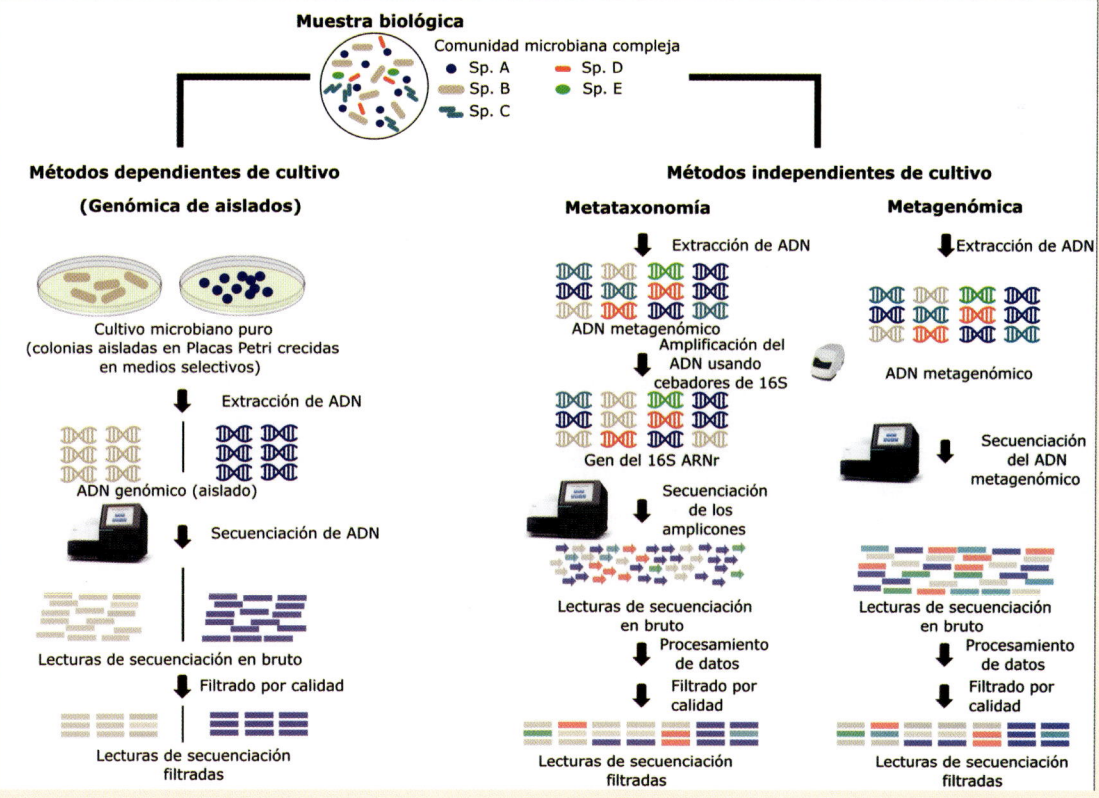

Figura F.1. Comparación de tres aproximaciones a la identidad y contenido genético de los seres vivos. A la izquierda, aislamiento en cultivo puro. En el centro, metataxonómica basada en el código de barras. Y a la derecha, metagenómica.

Fuente: Natalia García García.

Una segunda aproximación es la metataxonómica. En este caso tomamos una muestra y aislamos el ADN. En este ADN estarán todos los genes de todos los microorganismos que había en esa muestra. El siguiente paso consiste en amplificar nuestro código de barras favorito, el ARNr 16S de toda la muestra. Este paso requiere la técnica denominada PCR (reacción en cadena de la polimerasa). Después de la pandemia de COVID-19, todos estamos familiarizados con esta técnica y sabemos que utiliza unas sondas específicas del fragmento de ADN que nos interesa y luego hace miles de copias de ese fragmento. Así pues, no tenemos más que secuenciar estos fragmentos amplificados (amplicones) y tenemos los códigos de barras de toda la comunidad. Esto es lo que hicimos en el estudio de las muestras del Mediterráneo del capítulo 7. La ventaja de este método es que nos permite una secuenciación profunda. En el ejemplo del Mediterráneo obtuvimos medio millón de códigos de barras de cada muestra. Para explorar la biosfera de los raros que discutimos en el capítulo 8, este método es imprescindible. El inconveniente es que las sondas que se utilizan en la PCR no amplifican todos los microorganismos por igual, de modo que nuestros resultados es probable que estén sesgados e incluso que haya microorganismos cuyo ADN no se ha amplificado. Esto es lo que ocurrió con la radiación de filos candidatos de la figura 9.3.

Por fin, la tercera aproximación es la metagenómica. En este caso no se hace la amplificación por PCR y sencillamente secuenciamos absolutamente todo el ADN de la muestra, a lo bruto. Tenemos dos ventajas. La primera es que evitamos los posibles sesgos de la PCR y la segunda es que no solamente tenemos el código de barras, sino todos los genes de todos los genomas de todos los microorganismos. El problema es que todos esos genes están mezclados. Es como si tuviéramos 100 puzles distintos y desparramáramos las piezas de todos por el suelo de casa mezclándolas al azar. Obviamente, reconstruir cada uno de los puzles nos iba a llevar un buen rato. Es fácil que muchos quedaran incompletos o que los reconstruyéramos mal. La cuestión es que en una comunidad microbiana puede haber miles de genomas, es decir, no cientos de puzles, sino miles. Y además puede haber centenares o miles de copias de cada puzle. El pobre Adanson se vería totalmente superado.

Para reconstruir los genomas, se han puesto a punto una serie de estrategias bioinformáticas. Por ejemplo, cada tipo de microorganismo usa preferentemente determinadas combinaciones de nucleótidos. Esto nos ayuda a juntar las piezas del mismo puzle. Otra estrategia es que las piezas del mismo puzle tienen que estar en la misma proporción en distintas muestras. Si en la muestra A encuentro diez copias de uno de los genes del microorganismo 1, todos los fragmentos del genoma de este microorganismo tienen que estar diez veces. Si en otra muestra están 50 veces, todas estarán 50 veces. Esto nos ayuda a juntar las piezas del mismo genoma. Al final, podemos reconstruir muchos de los genomas que había en la muestra natural. Desde luego no todos. Los muy raros se pierden y algunos aparecen mezclados o incompletos, pero la ventana que abre esta aproximación a la biodiversidad es enorme. Gracias a este método se pudieron recuperar las 16 proteínas ribosomales de todas esas ramas sin representantes en cultivo puro de la figura 9.3. Algunos investigadores llaman a esa diversidad desconocida la "materia oscura" de la diversidad microbiana, por similitud con la materia oscura del universo.

# 10. ¿Y esto para qué sirve?

CUANDO estaba solicitando permisos para reproducir las figuras de los pinzones de Hawái contacté con la investigadora Heather R. L. Learner (Joseph Moore Museum, Earlham College, Indiana) para ver si me podía ceder el árbol filogenético de la figura 3.8. Y de paso, le pregunté cómo había llegado al estudio de este grupo de aves. Al igual que tantos otros naturalistas, ella también comenzó su aventura científica con una serie de viajes a Suramérica, África y Asia para tomar muestras de todas las rapaces del mundo. Pero algunos años más tarde se encontró excavando yacimientos de fósiles en las Hawái. Como estas islas son volcánicas, hay muy pocos sedimentos en los que se hayan podido conservar fósiles, de modo que los que hay son de un valor incalculable para reconstruir la fauna de las islas antes de la llegada de los seres humanos. Heather quedó consternada por las diferencias entre unas capas y otras. En las que se habían acumulado antes de la llegada de los humanos el suelo era esponjoso y abundante, y, sobre todo, lleno de huesos de aves. En las posteriores, los suelos se hacían delgados y compactos, con muchas capas de cenizas debidas a los incendios y en lugar de huesos de aves, los huesos eran de ratas y ratones.

Estudiando esos yacimientos por todo el Pacífico se ha estimado que desde la llegada de los seres humanos se han extinguido unas 2000 especies de aves. Si recordamos que en todo el mundo hay unas 10 000 especies de aves, este nivel de extinciones (20%) solamente en el Pacífico resulta sobrecogedor. Está claro que nuestras actividades están acelerando los procesos de extinción de especies, es decir, de disminución de la

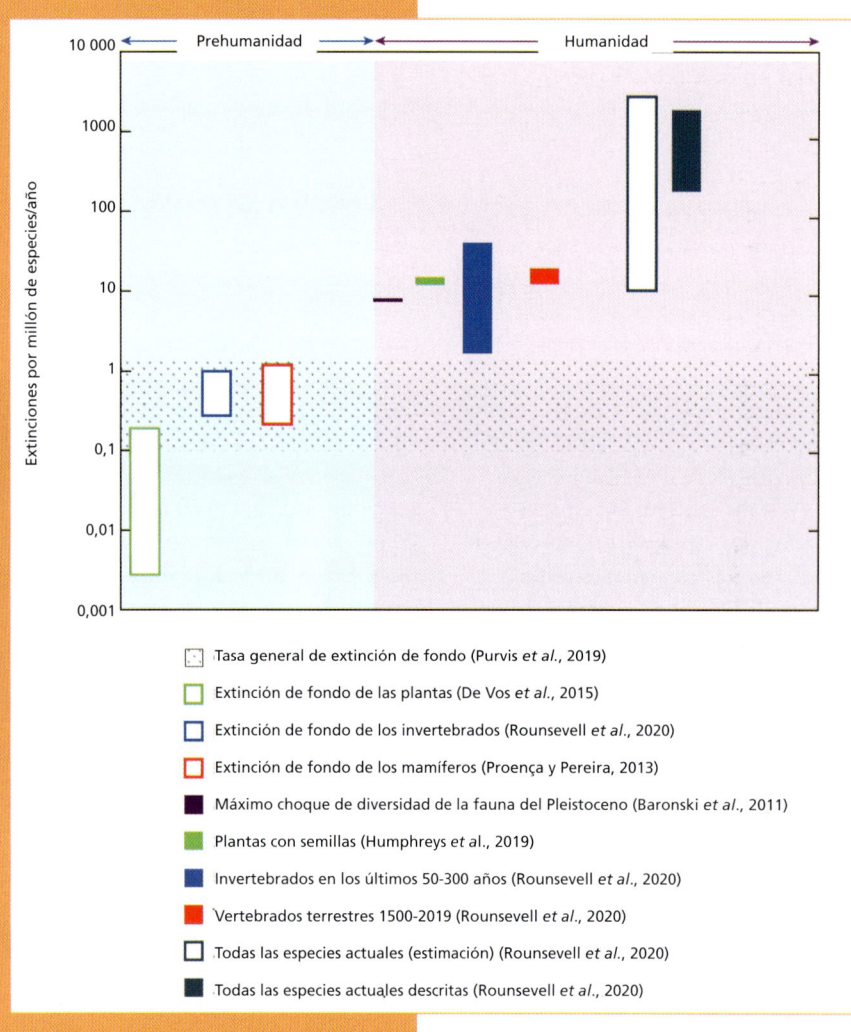

**Figura 10.1. Tasas de extinción de distintos grupos de seres vivos antes y después de la aparición de la especie humana.**
Fuente: Díaz et al. (2022).

de manera que las tasas actuales son entre 10 y 1000 veces más aceleradas que antes de nuestra aparición según unos u otros grupos de seres vivos. Esta escala es un poco complicada de entender. Lo que se representa en el eje vertical es el número de especies que cada año se extinguen por cada millón de especies existentes. Si tomamos como ejemplo los invertebrados, comprobaremos que antes de la intervención humana las tasas eran inferiores a una especie por millón de especies y por año. En cambio, después, la tasa es de entre dos y 50 especies por millón de especies y por año. A algunas especies las cazamos hasta exterminarlas (como veremos al final de este capítulo) y de otras, la mayoría, destruimos su hábitat de manera que ya no se pueden reproducir, como vimos anteriormente en el caso del poo-uli.

Esto debería llevarnos a plantear algunas preguntas: ¿tiene alguna importancia esta disminución de la biodiversidad o no? ¿Tiene la extinción de las especies alguna consecuencia relevante? ¿Para qué sirve biodiversidad? Como veremos, los beneficios de la biodiversidad son tantos y tan cotidianos que solo valoramos su importancia cuando sucede algo excepcional. Y un lugar en el que han sucedido muchas cosas excepcionales es China. Así que vamos a empezar con tres historias de China.

biodiversidad. En la figura 10.1 se comparan las tasas de extinción de diferentes seres vivos antes y después de la intervención humana. Hay que fijarse en que la escala vertical es logarítmica,

## Tres historias de China y la biodiversidad

En 1958, el líder Mao ZeDong tuvo una idea brillante. China iba a modernizarse para adelantar a los países capitalistas. El proyecto recibió el nombre grandilocuente de Gran Salto Adelante. La agricultura se colectivizaría para hacerla más productiva y la industria sería promovida mediante minifundiciones de acero asociadas a las granjas agrícolas. Uno de los elementos de este programa era la supresión de las cuatro plagas (en China todo tiene que llevar un número): las ratas, las moscas, los mosquitos y los gorriones. Respecto a las tres primeras, aunque ecológicamente no se debería eliminar ninguna especie, muchos estaríamos de acuerdo en combatirlas. Pero ¿los gorriones? Pobrecillos. Como los gorriones son granívoros, el líder decidió que se comían una parte muy importante de las cosechas. Según los cálculos de sus ayudantes, sin gorriones se podría alimentar a unas 60 000 personas más al año. Un número que no deja de parecer una minucia comparado con los centenares de millones de ciudadanos chinos. Pero los designios del líder eran incuestionables y todo el país se esmeró en exterminar a los gorriones sin pensar en las posibles consecuencias.

El gorrión molinero (*Passer montanus*), que también tenemos en Europa occidental, es un ave fundamentalmente granívora. Pero cuando está criando, captura gran cantidad de artrópodos para alimentar a la prole. Resulta sorprendente, pero efectivamente, se alimentan de saltamontes y langostas, comiéndose el abdomen y dejando las alas y la cabeza. Una vez exterminados los gorriones, las plagas de langostas devastaron las cosechas y, de nuevo, una decisión basada en una "gran" idea humana se tradujo en una catástrofe y una hambruna aterradora. Las fuentes no se ponen de acuerdo en si los muertos de hambre fueron 15 o 45 millones. No toda la hambruna se debió a los gorriones, por supuesto, también hubo una gestión ineficiente tanto de las granjas colectivas como de las minifundiciones de acero. Pero la moraleja es que cuando intentamos intervenir en la naturaleza sin prudencia, lo más probable es que metamos la pata. En realidad, estos pajarillos estaban proporcionado un servicio a los agricultores que nadie había percibido y que, por lo tanto, nadie había considerado en términos económicos. Se podrían haber hecho algunos experimentos a pequeña escala, a ver qué pasaba eliminado los gorriones. Pero no, el Gran Salto Adelante no podía esperar y las cuatro plagas tenían que desaparecer. Desconozco lo sucedido con las otras tres plagas, pero sospecho que siguieron campando a sus anchas por toda la república popular. El gorrión molinero ha vuelto a colonizar China. Los que no han vuelto son los millones de personas que murieron a causa de una idea no probada.

En 1966, los dirigentes del Partido Comunista tomaron otra decisión para hacer avanzar al país: la Gran Revolución Cultural Proletaria. Las dos historias siguientes conciernen a dos científicos que por diferentes razones pudieron eludir las consecuencias de esta revolución cultural. Yuan Longping (figura 10.2.A) era un agrónomo que, durante la hambruna causada por el Gran Salto Adelante, quedó impresionado por la desesperación de la gente y el número de muertos, y se propuso aumentar la producción agrícola mejorando la productividad de la planta alimentaria fundamental en China: el arroz (*Oryza sativa*). Su objetivo era obtener híbridos que fueran más productivos. Una de las dificultades a las que se enfrentó fue que el arroz se autofecunda. Para poder hibridar una planta, la parte masculina tiene que estar inactiva, de forma que se pueda polinizar artificialmente la femenina. Si la planta se autofecunda, es muy complicado hacer esta polinización artificial. La estrategia principal de Yuan Longping fue la de buscar y buscar en la naturaleza variantes del arroz que pudieran tener alguna característica beneficiosa. A principios de los años sesenta del siglo XX encontró una variedad de arroz en la cual las flores masculinas eran estériles y

Figura 10.2. Izquierda: Yuan Longping. Derecha:: Tu Youyou.
Fotografías: Jin Liwang/AP.

se abrió, de repente, un abanico de posibilidades para la hibridación. Yuan Longping publicó este hallazgo en el *Boletín de Ciencias* Chino en 1966, justo cuando empezaba la Revolución Cultural Proletaria. Sin embargo, había un problema: Yuan Longping seguía la genética occidental de Mendel y Müller, no la del ruso Lysenko, el "descubridor de la biología proletaria", al que, según las autoridades, todos los investigadores de los países socialistas debían seguir. Dos maestros de Longping que seguían la genética occidental fueron depurados y uno de ellos acabó suicidándose. Cuando publicó su artículo, Longping estaba ya en la lista de individuos para

ser depurados, pero un funcionario avispado del Noveno Departamento de la Comisión Nacional para la Ciencia y la Tecnología leyó el artículo y tuvo la lucidez de ver las posibilidades de aquella investigación. A través de una larga cadena de mando (al director del Noveno Departamento y de este al director de la Comisión Nacional), el resultado fue una carta de las altas esferas del partido enviada a las autoridades locales para que apoyaran la investigación de Longping. Así que se salvó por la campana.

En los años siguientes, Longping obtuvo varios híbridos que aumentaron la productividad del arroz. Se ha

estimado que esta productividad extra permitió alimentar a 100 millones de ciudadanos chinos más cada año. Longping recibió después muchos reconocimientos tanto en China como en Occidente. Pero su éxito estuvo a punto de estrellarse en una celda de reeducación. De hecho, la Revolución Cultural Proletaria canceló la publicación del *Boletín de Ciencias Chino* en 1967 (como la de todas las revistas científicas), no mucho después de que Longping publicara su descubrimiento. Si hubiera tardado unos meses en publicarlo, ya no habría tenido la posibilidad.

La última historia china también transcurrió durante la Revolución

Cultural Proletaria. La joven República de China, muy implicada por ayudar al establecimiento del socialismo en otros países, recibió la petición de ayuda de Vietnam del Norte para combatir la malaria: los soldados del Viet Cong sufrían demasiado a menudo esta enfermedad que los debilitaba y dificultaba su lucha contra el sur. Las autoridades chinas decidieron establecer un plan secreto para buscar un remedio contra la malaria. Y la dirección recayó en la investigadora Tu Youyou (figura 10.2.B). No estoy seguro de por qué. Pero, de hecho, Tu Youyou tenía ya una carrera de estudios de farmacopea y medicina, así que era una buena candidata para el cargo. Youyou estaba interesada en la medicina tradicional china, de modo que estudió los tratados milenarios y viajó por muchos lugares de China consultando a los curanderos locales. Recopiló unas 2000 recetas con productos vegetales, animales y minerales, y probó más de un centenar de ellas en el laboratorio. Finalmente, encontró la artemisinina, un medicamento que a día de hoy ha salvado multitud de vidas afectadas por la malaria. La planta que la produce, *Artemisia annua*, pertenece a la familia de las margaritas (asteráceas). Youyou averiguó la estructura de esta molécula e incluso sintetizó una variante más potente. Por estas investigaciones Tu Youyou fue galardonada en 2015 con el Premio Nobel de Fisiología o Medicina.

En estas tres historias vemos que la biodiversidad es esencial. Con la historia de los gorriones, nos hicimos conscientes de que los seres vivos nos brindan muchos servicios de los que ni siquiera nos damos cuenta. En la segunda, comprendimos la importancia de la variabilidad natural de las especies que utilizamos para alimentarnos. Y en la tercera, vimos que la biodiversidad contiene un almacén inmenso de sustancias potencialmente útiles en medicina. Sabiendo esto, ¿quién se va a atrever a decir que la biodiversidad no es importante? ¿Que da igual si se extinguen unas cuantas ranas en Costa Rica porque no sirven para nada? ¿Que no podemos conservar todos los aspectos de la naturalza sin renunciar al progreso? Vale, me estoy poniendo panfletario. Regresemos a los beneficios de la biodiversidad.

## Recursos de subsistencia locales: jaguares frente a vacas

La siguiente historia se desarrolla en el Pantanal, ubicado mayormente en el sur de Brasil, pero extendiéndose al norte de Paraguay y al este de Bolivia. Esta es una de las zonas de humedales más grandes del mundo. La combinación de la orografía y la meteorología convierten a estos llanos en una zona que estacionalmente se inunda y se seca.

El lugar tiene una riqueza de fauna excepcional y también una de las cabañas de ganado vacuno más grandes de Brasil. En principio, la coexistencia entre la fauna salvaje y la ganadería es conflictiva. En efecto, los jaguares periódicamente cazan vacas. Pero también es el lugar del mundo donde es más fácil avistarlos: a los jaguares, no a las vacas.

Hace algún tiempo estaba visitando la Fazenda Barranco Alto a orillas del río Negro, en la zona sur del Pantanal. En los días anteriores me había cruzado con muchos rebaños de vacas mientras veía guacamayos, tucanes, osos hormigueros, coatíes, ciervos y hasta un tapir. Pero durante mi última tarde, por fin, acababa de avistar un jaguar (*Panthera onca*) macho a la orilla del río, un ejemplar magnífico (figura 10.3). Soy un observador de aves intenso y siento fascinación por las plantas y la historia natural en general. Pero ver de cerca un gran felino sigue siendo una de las experiencias de naturaleza más emotivas e impresionantes. Esa noche, todavía eufórico, estaba cenando con Camilla, la propietaria del lugar. Este es uno de los privilegios del turismo en algunas zonas remotas del Pantanal. La relación con los propietarios y empleados es muy personal. Y cuando le pregunté a Camilla por los ingresos de la ganadería y el turismo, la respuesta me sorprendió. Dijo que era aproximadamente mitad y mitad. En la Fazenda Barranco Alto

tienen solamente seis habitaciones dobles, es decir, como máximo 12 turistas simultáneamente (de hecho, esa noche yo era el único). En cambio, tienen miles de cabezas de ganado. Camilla me explicó que era fácil vender las mejores cabezas de ganado, pero que era muy complicado con el resto. De hecho, estaba contenta porque esta vez había encontrado un comprador que las quería todas. De modo que la ganadería en el Pantanal no es tan productiva como podría parecer. Requiere extensiones enormes de terreno y depende mucho de las alternativas del tiempo y de la alternancia de inundaciones y sequía.

Al regresar de Brasil, encontré un artículo que comparaba los ingresos por ecoturismo y por ganadería en el Pantanal septentrional (Tortato *et al.*, 2017). Los autores usaron datos de siete fazendas en el norte del Pantanal. Las tasas diarias que pagaban los turistas variaban entre 135 y 900 dólares, y el número mínimo de noches por turista era de tres. Estas fazendas tuvieron entre 180 y 1745 visitantes por año. De manera que los ingresos anuales por ecoturismo en esta pequeña zona del Pantanal se acercaron a los siete millones de dólares. Estos autores también estimaron las pérdidas debidas a la depredación de los jaguares sobre el ganado en 120 000 dólares. Es decir, que los beneficios del ecoturismo son obvios. La otra conclusión para mí fue que los dólares por noche que pagué en la Fazenda Barranco Alto fueron de lo más barato y bien empleados. Menos mal.

Para que los turistas tengamos alguna opción de ver un jaguar, tiene que haber muchos individuos y el ecosistema tiene que estar en muy buen estado. Los jaguares son los depredadores superiores y estos solamente pueden subsistir si todo el sistema está bien conservado. Así que, si la economía del pantanal quiere ser sostenible, el mantenimiento de la biodiversidad es esencial. Creo que Camilla no podría estar más de acuerdo conmigo.

## La biodiversidad y la salud

Otro argumento definitivo para defender la biodiversidad vuelve a ser egoísta. Se trata de preservar nuestra salud. Los virus necesitan encontrar un hospedador susceptible para infectarlo y reproducirse, como ya avanzamos en el capítulo 8. Pero como no se pueden mover por su cuenta, si la abundancia de ese hospedador susceptible es muy baja, no lo pueden encontrar y causar alguna infección. En el caso del virus T4 y su hospedador, la bacteria *Escherichia coli*, si en un medio hay menos de 1000 células de *E. coli* por mililitro, el T4 no puede encontrarlas y no causa ninguna infección. Pero si *E. coli* encuentra un ambiente favorable y empieza a multiplicarse y alcanza concentraciones superiores a esas 1000 células por ml, el virus las encuentra, las infecta y las revienta. En una comunidad natural en la que hay miles de taxones bacterianos, los poco abundantes están a salvo del ataque por virus, pero los abundantes son los que lo sufrirán (como vimos al analizar la biosfera de los raros). A este mecanismo se lo llama *matar al vencedor* y su resultado es que las poblaciones dominantes se van sustituyendo a medida que sus virus las van atacando.

En el caso de las plantas, si tenemos un campo de trigo y llega un parásito, va a expandirse rápidamente a todo el campo, porque todas las plantas son susceptibles de ser atacadas por aquel.

En cambio, en un bosque tropical, gracias a que hay muchas especies distintas, el parásito va a tener dificultades para extenderse, porque la mayoría de las plantas no pertenecen a la especie que puede atacar. Este es el principio detrás de la inmunidad de grupo que tan clara quedó con la epidemia de COVID-19. A medida que más y más ciudadanos eran inmunes gracias a la vacunación, la expansión del virus se hacía más complicada. Por lo tanto, la biodiversidad también nos protege de parásitos y epidemias. En los últimos años estas ideas se han cohesionado entorno al concepto de "Una sola salud" (*One Health*), que entiende que la salud del planeta y la nuestra, la de todos los seres vivos, están íntimamente ligadas y solamente considerando al planeta en su conjunto podemos mantener una sociedad sostenible. Es decir, nuestra propia salud depende de la salud de los ecosistemas.

## Lo que nos aportan los ecosistemas

La naturaleza nos aporta de forma gratuita casi todo: aire respirable y agua potable para empezar. ¿Cómo valorar estos intangibles? Una de las iniciativas que se han seguido es valorar económicamente los servicios que nos proporcionan los ecosistemas para comparar su importancia con la de la economía cotidiana. Constanza y colaboradores (1997) hicieron uno de los primeros esfuerzos por revisar toda la información dispersa sobre este tema. Estos autores plantearon la evidencia de que el valor de los servicios ecosistémicos es incalculable, porque si no tuviéramos una atmósfera y agua limpias, sencillamente nos moriríamos. Pero sí podían estimar el valor marginal de año en año. Uno de los métodos para hacer estos cálculos es determinar cuánto estaríamos dispuestos a pagar por cada servicio. ¿Cuánto deberíamos pagar por el oxígeno que respiramos cada día? Este servicio es una cuestión de vida o muerte. No podemos dejar de respirar. Pero como es un servicio que damos por supuesto, no pagamos nada. Sin embargo, sin la fotosíntesis que realizan las plantas terrestres y los microorganismos marinos, nos asfixiaríamos. Es imposible poner un precio a un servicio así.

En cambio, hay otros servicios que son más fáciles de cuantificar. Por ejemplo, puede que queramos pasar un día en un parque nacional. Vamos a caminar, a disfrutar del entorno, tal vez intentemos identificar algún ave o alguna planta y a experimentar esa relajación que nos produce la naturaleza. ¿Cuánto estamos dispuestos a pagar por la entrada al parque? Estamos acostumbrados a que sea gratis. En realidad, el mantenimiento y conservación los pagamos todos a través de los impuestos. Yo estuve dispuesto a pagar 260 dólares al día para disfrutar del Pantanal. Pero esto solamente cubría el mantenimiento de las instalaciones, la comida y los sueldos de los guías y el personal de limpieza. Lo más caro, mantener un ecosistema completo desde los microorganismos al jaguar, lo hacía la naturaleza de forma gratuita.

Recientemente, un estudio calculó los efectos de visitar espacios naturales protegidos (por ejemplo, parques nacionales) sobre la salud mental de los ciudadanos (Buckley *et al.*, 2019). Los autores distinguieron entre las visitas a ecosistemas presumiblemente completos como parques nacionales y a lugares verdes no completos, por ejemplo, jardines. Evidentemente, la diversidad es mucho mayor en los primeros que en los segundos, en los que, a pesar de la mejor voluntad de los responsables de jardinería, el número de especies que se plantan es necesariamente muy limitado. El resultado fue que el efecto de visitar parques nacionales sobre la salud mental y el bienestar de las personas fue significativamente superior al de visitar jardines.

Es más, algunos costes asociados a la salud mental se pueden cuantificar. Aquí entrarían cuestiones como absentismo laboral, estrés, depresión y otras muchas cuestiones que tienen un coste concreto no solamente para las personas que lo sufren, sino un coste social en descenso de la productividad, sobrecarga de los sistemas de salud y otros. Al final, llegaron a la conclusión de que los beneficios de visitar parques nacionales ascenderían a seis billones de dólares americanos por año. Esta cifra es diez veces superior a los beneficios del turismo de naturaleza y entre 100 y 1000 veces superior a los costes de gestión ambiental necesarios para mantener esos parques. Los autores también predicen que cuando estos datos se refinen y se acepten universalmente, muchas instituciones empezarán a tenerlos en cuenta, por ejemplo, las aseguradoras y, por supuesto, las instituciones estatales y regionales, para reducir costes en salud a base de fomentar los espacios naturales protegidos.

En la tabla 10.1 se resumen las categorías de servicios y bienes proporcionados por los ecosistemas que consideraron Constanza y colaboradores. Estos autores asignaron cantidades en dólares a cada uno de ellos. Pero estos precios son una aproximación muy burda a lo que los ecosistemas aportan anualmente a la humanidad. Por ejemplo, valoraron las aportaciones a la regulación del clima en 684 000 dólares al año. Aunque la regulación del clima es otra de esas cosas que no se pueden valorar en dinero, como el oxígeno o el agua. Además, asignar valores monetarios a procesos naturales incurre en un riesgo. Puede que, si las contribuciones de determinada reserva

| SERVICIOS Y BIENES PROPORCIONADOS POR LOS ECOSISTEMAS |
| --- |
| Regulación de los gases en la atmósfera |
| Regulación del clima |
| Amortiguamiento y recuperación de las perturbaciones |
| Regulación del ciclo del agua |
| Almacenamiento y provisión de agua |
| Control de la erosión y retención de sedimentos |
| Formación de suelos |
| Reciclado de nutrientes |
| Tratamiento de residuos |
| Polinización |
| Control biológico de plagas |
| Refugios para poblaciones |
| Producción de alimentos |
| Materias primas |
| Recursos genéticos |
| Esparcimiento |
| Culturales |

Tabla 10.1. Servicios proporcionados por los ecosistemas. Según Constanza *et al.* (1997)

natural se valoran, por ejemplo, en un millón de dólares, la reserva sea arrasada para el desarrollo de una minería o una industria que genere millón y medio. Pero una vez destruida la reserva, ya no volverá, de modo que está bien ser consciente de que los ecosistemas aportan valor, pero hay que ser muy cuidadosos.

Muchos de estos servicios no se deben exclusivamente a la biodiversidad, pero esta influye en la mayoría de ellos. Cardinale *et al.* (2012) hicieron una revisión de más de 600 estudios que relacionaban la biodiversidad con las funciones y servicios de los ecosistemas. Para algunos servicios no encontraron suficiente información y para algunos otros la evidencia era confusa. Es más, en algunos casos el aumento de la

diversidad tenía resultados negativos. Por ejemplo, al aumentar la diversidad de patógenos, aumentaba la probabilidad de que los seres humanos sufrieran enfermedades infecciosas. En realidad, esto es una tautología. Pero para la mayoría de servicios mostrados en la tabla, un aumento de la diversidad se reflejaba en una prestación de servicios mejorada. Algunos ejemplos son que la diversidad genética de las plantas aumenta el rendimiento de las cosechas (como en el caso de Yuan Longping), la diversidad de especies de árboles aumenta la producción de madera en bosques comerciales y el aumento de la diversidad de especies de hierbas aumenta la producción de forraje en las praderas. Estos resultados se basaron en centenares de experimentos y estudios.

## La degradación de la naturaleza y la resilvestración

El ecólogo Ramón Margalef estaba en sus últimos años muy preocupado por un cambio que había observado personalmente a lo largo de su vida. A mediados del siglo XX, la naturaleza solamente estaba interrumpida por algunas carreteras estrechas que unían unas poblaciones con otras. Pero al final, eran las amplias autovías las que lo inundaban todo, aislando algunos pequeños fragmentos de naturaleza unos de otros. Nuestras infraestructuras, construcciones e intervenciones se extienden por todas partes.

Se dirá que cada vez hay más áreas protegidas. Parece que si conservamos un pequeño fragmento y lo declaramos reserva natural ya está todo hecho. Sin embargo, los llamados servicios de los ecosistemas son muchos, esenciales y requieren grandes extensiones ininterrumpidas. El descubrimiento de que estos servicios casi invisibles son esenciales ha fomentado iniciativas para intentar recuperar un estado menos fragmentado e intervenido de nuestro entorno. Una de estas iniciativas es la resilvestración (*rewilding*). La idea es restaurar los ecosistemas para devolverlos a la situación de equilibrio y funcionalidad sostenible que tenían antes de la intervención humana (por lo menos antes de la intervención humana reciente). Para ello, hay que reintroducir las especies que se han perdido, extirpar las invasoras y proporcionarles suficiente espacio contiguo para que puedan llevar a cabo sus funciones. El objetivo es que el ecosistema mantenga su funcionalidad sin intervención humana (es decir, gratis).

Vamos a repasar dos ejemplos exitosos de resilvestración. El primero es el de la isla Redonda, un fragmento volcánico en el mar Caribe, cerca de las islas Montserrat y Antigua. Su superficie es menor de 2 km$^2$ y casi todos sus flancos son acantilados de hasta unos 300 metros de altura. En la parte alta hay una meseta muy inclinada que es la única zona habitable. La isla fue descubierta por Colón en su segundo viaje y le dio el nombre de Santa María de la Redonda, reclamándola para la Corona española. Pero claramente esta tenía territorios mucho más amplios de los que preocuparse y la isla quedó en el olvido. A pesar de este olvido, alguien dejó unas cuantas cabras en la isla. Esto era bastante común entre los marinos de la época. Dejaban cabras o cerdos en algunas islas con la esperanza de que se reprodujeran y ellos se pudieran aprovisionar de carne en futuras visitas. Estudios genéticos indican que las cabras de Redonda eran de origen español. A finales del siglo XIX, una empresa norteamericana instaló un centenar de personas en este islote para explotar el guano. Y, por supuesto, siempre que arriban barcos a algún lugar, también llegan las ratas. Durante la Primera Guerra Mundial, la isla fue abandonada definitivamente.

Pero las cabras y las ratas siguieron allí, las primeras se encargaron de comerse casi toda la vegetación y las segundas, los pollos y huevos de las aves marinas que nidificaban en Redonda y los lagartos endémicos. En la isla anidan piqueros pardos (*Sula leucogaster*), enmascarados (*Sula dactylatra*) y de patas rojas (*Sula sula*), así como rabihorcados magníficos (*Fregata magnificens*), charranes embridados (*Onychoprion anaethetus*) y rabijuncos de pico rojo (*Phaethon aethereus*). Todas estas aves nidifican también en otros lugares, pero las colonias de Redonda eran significativas. Los que no vivían en ningún otro lugar del mundo eran los lagartos. Había por lo menos cuatro: el lagarto arbóreo de Redonda (*Anolis nubilus*), el eslizón de Redonda (*Copeoglossum redondae*), el dragón negro de Redonda (*Pholidoscelis atrata*) y la salamanquesa enana (*Sphaerodactylus* sp.). Puede que también viviera la iguana de las Antillas Menores (*Iguana delicatissima*), pero no es seguro.

A principios del siglo XXI el aspecto de la isla era lamentable. Prácticamente nada de vegetación, unas cabras esqueléticas y unas pobres aves acuáticas incapaces de sacar adelante sus pollos. En 2017, los planes para resilvestrar la isla Redonda finalmente se materializaron gracias a los esfuerzos de distintas organizaciones y administraciones. Lo primero que hicieron fue capturar las cabras (que opusieron toda la resistencia que pudieron refugiándose en los acantilados más pendientes), envolverlas en plástico, proteger sus cuernos con espuma y transportarlas a Antigua colgadas de un helicóptero. En esta isla, había ganaderos interesados en incorporar el acervo genético de esta población de cabras a sus rebaños. Así que todos ganaron. Este transporte eliminó la presión sobre la vegetación. Y en menos de un año, la isla se volvió verde. Los conservacionistas no

Figura 10.4. Zona entre el sur del Pantanal (Brasil) y el norte de Argentina. En amarillo los lugares donde ya existe o se intenta reintroducir el jaguar.
Fuente: Google Earth.

se lo podían creer. Normalmente, los ecosistemas tardan años en recuperarse, pero la vegetación de Redonda se recuperó en solamente algunos meses. Las especies estaban esperando en el banco de semillas a tener una oportunidad y en cuanto las cabras desaparecieron, la aprovecharon. Entre otras especies empezaron a crecer más y más arbolitos del género *Ficus*, que son los que emplean los piqueros para anidar. El aumento de la vegetación atrajo a más insectos y estos sirvieron para que los reptiles pudieran alimentarse mejor.

El problema de las ratas era más complicado, porque son pequeñas, se esconden en cualquier rincón y son astutas. La estrategia fue distribuir raticida por toda la isla. Hubo que utilizar escaladores para depositarlo en los acantilados más remotos y, por supuesto, se tuvo que comprobar que el raticida no afectaba a las aves ni a los lagartos endémicos. Después de varios meses de colocar cebos y retirar cadáveres de ratas, los restauradores pudieron declarar la isla libre de ratas. Obviamente, eliminar esta primera plaga habría

sido imposible en China. Esa plaga no se puede eliminar en un continente. Pero en islas sí es posible y ya se ha llevado a cabo en unas cuantas. El resultado es que los lagartos endémicos de Redonda se han hecho más grandes, más numerosos y menos miedosos. Este ejemplo muestra que la resilvestración es posible, pero también que el coste y el esfuerzo necesarios son enormes. En ella participaron miembros de las siguientes organizaciones, instituciones y empresas: Wildlife Management International Limited, Gobierno de Antigua y Barbuda, Environmental Awareness Group, British Mountaineering Council, Island Conservation, Fauna & Flora International, US-Based Global Wildlife Conservation y Caribbean Helicopters Ltd. Habría sido mucho más fácil no introducir cabras y evitar que las ratas la invadieran. Pero nuestros antepasados no eran conscientes de estos problemas y ahora no tenemos otra alternativa que resilvestrar.

Otro ejemplo exitoso ha sido la resilvestración de los esteros de Iberá, en Argentina (figura 10.4). Cuando visité la zona hace ya más de 25 años, los esteros eran unos humedales muy atractivos, con una gran cantidad de aves y con yacarés (*Caiman yacare*), capibaras (*Hydrochoerus hydrochaeris*) y ciervos de los pantanos (*Blastocerus dichotomus*) (figura 10.5). De lo que no era consciente en aquel momento era que estaba contemplando un ecosistema empobrecido, "defaunado", muy lejos de su estado primigenio. En Iberá se habían extinguido el jaguar, el oso hormiguero (*Myrmecophaga tridactyla*), el pecarí (*Dicotyles tajacu*), el tapir (*Tapirus terrestres*), la nutria gigante (*Pteronura brasiliensis*) y muchas otras especies. Justamente todos los animales que pude ver en el Pantanal. Iberá es como un Pantanal en pequeño. Este último, gracias a que es más remoto y mucho más grande, había conseguido conservar todas estas especies, pero el segundo, más pequeño, más intervenido por cazadores, pescadores y ganaderos, las había perdido.

Figura 10.5. A. Algunos miembros de la megafauna en el Pantanal reintroducidos en los Esteros de Iberá. Grandes herbívoros (> 45 kg): tapir (150-300 kg).

Figura 10.5. B. Grandes herbívoros (> 45 kg): capibara (35-66).

Figura 10.5. C Grandes carnívoros (> 21,5 kg): yacaré (50).

Figura 10.5. D. Grandes carnívoros (> 21,5 kg): jaguar (31-121). Los megaherbívoros (> 1000 kg) están todos extinguidos.

Los defensores de la resilvestración afirman que la forma habitual de activismo ambiental no es suficiente. Lo habitual es declarar una zona como protegida e intentar que no se deteriore. Esta visión ignora que esa parcela reservada puede estar ya degradada y haber perdido una parte significativa de su fauna. Por lo tanto, no es suficiente con proteger. Hay que recuperar el estadio anterior, con todas las especies, en particular los depredadores superiores como el jaguar. Estos depredadores ejercen un control sobre los herbívoros como los ciervos, los capibaras o los pecaríes y, de esta manera, no se degrada la cubierta vegetal. Este punto quedó palmariamente demostrado en el parque nacional más antiguo del mundo: Yellowstone. Como casi siempre, la presión humana había ahuyentado a los lobos causando una defaunación del parque. A principios de los noventa, se reintrodujo esta especie. Al cabo de poco tiempo, los bosques de ribera se recuperaron debido a que los ciervos ya no producían una presión tan grande como en ausencia del lobo. Así pues, la resilvestración es esencial para recuperar ecosistemas equilibrados, completos y funcionales que pueden proveer todos los servicios de la tabla 10.1.

Pero hay otro factor más: la observación de Margalef acerca de la fragmentación de la naturaleza debida a nuestras intervenciones. Y de nuevo el ejemplo del jaguar es muy adecuado. En el norte de Argentina (figura 10.4) quedan unos 100 jaguares en la selva misionera (Provincia de Misiones), en el noreste, alrededor de las famosas cataratas de Iguazú. Y aproximadamente otros 100 en las yungas, los bosques nubosos de la vertiente oriental de los Andes. Entre ambas poblaciones hay 1500 km de cultivos, ciudades y carreteras. Por lo tanto, las dos poblaciones de jaguar están aisladas, no pueden intercambiar material genético. En particular, la de Provincia de Misiones está condenada al empobrecimiento genético que siempre contribuye a la extinción.

La Fundación Rewilding Argentina ha emprendido una tarea descomunal para intentar que las distintas poblaciones de jaguar puedan intercambiar genes. Lo primero ha sido reintroducir el jaguar en los esteros de Iberá, a 370 km de la selva misionera (figura 10.4). También lo está intentando en El Impenetrable a más de 500 km de Iberá y tiene la esperanza de poder hacerlo también en el Parque Nacional El Rey (a 110 km de las yungas) y El Copo (a 300 km de El Rey y 170 de El Impenetrable). Si además se consiguieran corredores entre estos lugares, por ejemplo, a lo largo de los ríos, estaríamos revirtiendo la situación de fragmentación y exterminio actual. Los depredadores superiores como el jaguar son la piedra de toque, porque controlan las poblaciones de herbívoros y porque necesitan grandes extensiones de hábitat natural. Si estas especies clave están bien, el resto del ecosistema seguramente estará bien.

Además, estas especies emblemáticas son las que atraen el turismo de naturaleza. Igual que veíamos en el Pantanal, la reintroducción del jaguar en Iberá ha disparado el turismo con el consiguiente beneficio para los habitantes locales, que pueden generar negocios haciendo de guías, ofreciendo alojamientos, restauración o artesanías. Hoy en día una gran parte de los esfuerzos por resilvestrar la naturaleza no provienen de gobiernos o de ONG, sino de mecenas desproporcionadamente ricos que deciden invertir sus fondos en recuperar la naturaleza. Los Gobiernos tienen mucho que financiar: educación, salud, mobiliario urbano, etc. Los multimillonarios pueden dedicar sus fortunas a lo que quieran sin ninguna limitación, algunos se comprarán otro avión u otro yate, pero otros deciden dejar su huella en la recuperación de la naturaleza.

El caso de Douglas y Kristine Tompkins es paradigmático. Después de hacerse millonarios con las marcas de ropa North Face y Esprit, los Tompkins compraron centenares de miles de hectáreas en Chile y Argentina y establecieron planes de recuperación y resilvestración. Promovieron la formación de expertos locales que llevaran a cabo su implementación y se

preocuparon de que los habitantes locales pudieran iniciar emprendimientos de turismo de naturaleza. Estos esfuerzos se han traducido en las donaciones de terreno conservado más grandes del mundo a los Gobiernos de Chile y Argentina. Hace unos pocos años, su fundación (The Conservation Land Trust) recibió el Premio de la Fundación BBVA a la Conservación de la Biodiversidad (los segundos premios en cuantía después de los Nobel). Esperemos que aquellos Gobiernos mantengan los estándares que imaginaron los Tompkins.

## Resilvestrar de verdad

Pero puede que todo esto tampoco sea suficiente. Los investigadores Janzen y Martin (1982) se dieron cuenta de que en Costa Rica había muchas plantas que producían frutos de tamaños muy grandes, que ninguno de los animales de la zona podía comer (figura 10.6). La mayor parte de estos frutos caen y se pudren en el suelo. Allí se descomponen alimentado a invertebrados y bacterias y devolviendo nutrientes al suelo, lo cual está muy bien. Pero estos seres vivos son

Figura 10.6. Plantas con frutos gigantes adaptados a la megafauna del Pleistoceno, en Caño Negro, Costa Rica. A. Frutos (30 cm de largo), B. Flores del Jelinjoche (*Pachira aquatica*) y C. legumbres de 1 m de longitud del Carao (*Cassia*, probablemente *grandis*).

Figura 10.7. Algunos grandes mamíferos extinguidos del Pleistoceno, A. *Gomphotherium*, B. *Macrauchenia*, C. *Glyptodon* y *Megatherium*.
Fuente: (*Gomphotherium*) Wikimedia Commons, (*Macrauchenia*) Horsfall (1913), (*Glyptodon*) Creative Commons.

incapaces de dispersar las semillas contenidas en esos frutos. Los frutos son los caramelos que las plantas ofrecen a los animales para que dispersen sus semillas. Entonces, ¿qué sentido tiene invertir energía en producir unos frutos enormes que nadie se puede comer enteros?

La clave la empezó a desentrañar el propio Darwin cuando, durante su viaje por Suramérica, desenterró una buena colección de fósiles: *Macracuchenia*, en Puerto San Julián; *Megatherium*, dientes de caballos y *Toxodon*, en Punta Alta; *Glyptodon*, cerca de Buenos Aires; *Toxodon*, *Mastodon*, *Megatherium* y *Glyptodon*, en Uruguay; y *Glyptodon*, *Mastodon* y dientes de caballos y de *Toxodon*, en Mercedes. Una colección impresionante de los restos de una megafauna extinguida. Los paleontólogos han hecho esfuerzos por reconstruir cómo eran estos animales (figura 10.7), cuáles eran sus relaciones

filogenéticas con los mamíferos actuales, de qué se alimentaban y cuando se extinguieron. Casualmente, la mayoría desaparecieron alrededor de hace 12 000 años, justamente cuando aparecen los primeros asentamientos humanos. El grupo de José Iriarte (Universidad de Exeter, Reino Unido) ha descubierto pinturas rupestres de esa edad en las que se aprecian seres humanos diminutos junto a representaciones de esas bestias (figura 10.8). Del mismo modo que en Altamira tenemos representaciones de bisontes, caballos y ciervos, en la selva colombiana se plasmaron las de perezosos gigantes, mastodontes, caballos y *Macrauchenias*. Los bisontes, caballos y ciervos, que casi desaparecieron de Europa, todavía están ahí. Pero la megafauna americana fue totalmente extinguida. Esas pinturas son la prueba de que coexistieron con los seres humanos y esa coexistencia sugiere

que la extinción fue causada por nuestros antepasados.

Estos animales encajan perfectamente en la categoría de megafauna: *Gomphoteres* podía pesar tres toneladas; *Macrauchenia*, tonelada y media; *Glyptodon*, un armadillo gigante, cerca de las dos toneladas y *Megatherium*, un perezoso gigante, unas tres toneladas. Y entre los carnívoros, los dientes de sable como *Smilodon* (figura 10.9) llegaban cómodamente a los 300 kg.

Sabemos los mamíferos que había en todo el mundo gracias al registro fósil. En la figura 10.10 se ilustra el número de especies de mamíferos de gran tamaño en todo el mundo en la actualidad y si no hubiera habido ninguna influencia humana a lo largo del tiempo. Los números están representados separadamente para megaherbívoros (> 1000 kg), grandes herbívoros (entre 45 y 1000 kg) y

Figura 10.8. Pinturas rupestres en la Serranía de la Lindosa, Colombia, que parecen reflejar la megafauna del Pleistoceno: A, perezoso gigante, B, mastodonte, C, camélido (¿*Palaeolama*?), D y E, dos caballos y F, posiblemente Macrauchenia (o *Xenorhinotherium*).
Todos estos animales se extinguieron hace entre 12 000 y 9000 años.
Fuente: Morcote-Ríos *et al.* (2021).

grandes carnívoros (> 21,5 kg). Los megaherbívoros han desaparecido de todos los continentes salvo África subsahariana y partes del Sudeste Asiático. Las diferencias no son tan espectaculares para los otros dos grupos de grandes mamíferos, pero el contraste entre las parte izquierda y derecha de la figura sigue siendo muy llamativo.

En los miles de años que han pasado desde la extinción de la megafauna, las plantas no han tenido tiempo de adaptarse a los potenciales dispersores actuales. Por eso siguen produciendo frutos tan grandes. Esto ha afectado a la distribución y la regeneración de muchas especies de árboles de modos que son muy difíciles de evaluar.

En definitiva, la resilvestriación está muy bien. Pero conviene recordar que durante el Pleistoceno (desde hace unos dos millones de años hasta hace unos 12 000) los ecosistemas terrestres estaban poblados por animales muy grandes: mamuts, armadillos y perezosos gigantes, osos de las cavernas, bisontes,

Figura 10.9. Escena de dos *Smilodon fatalis* en posición de ataque frente a varios *Paramylodon*.
Fuente: Charles R. Knight (1921).

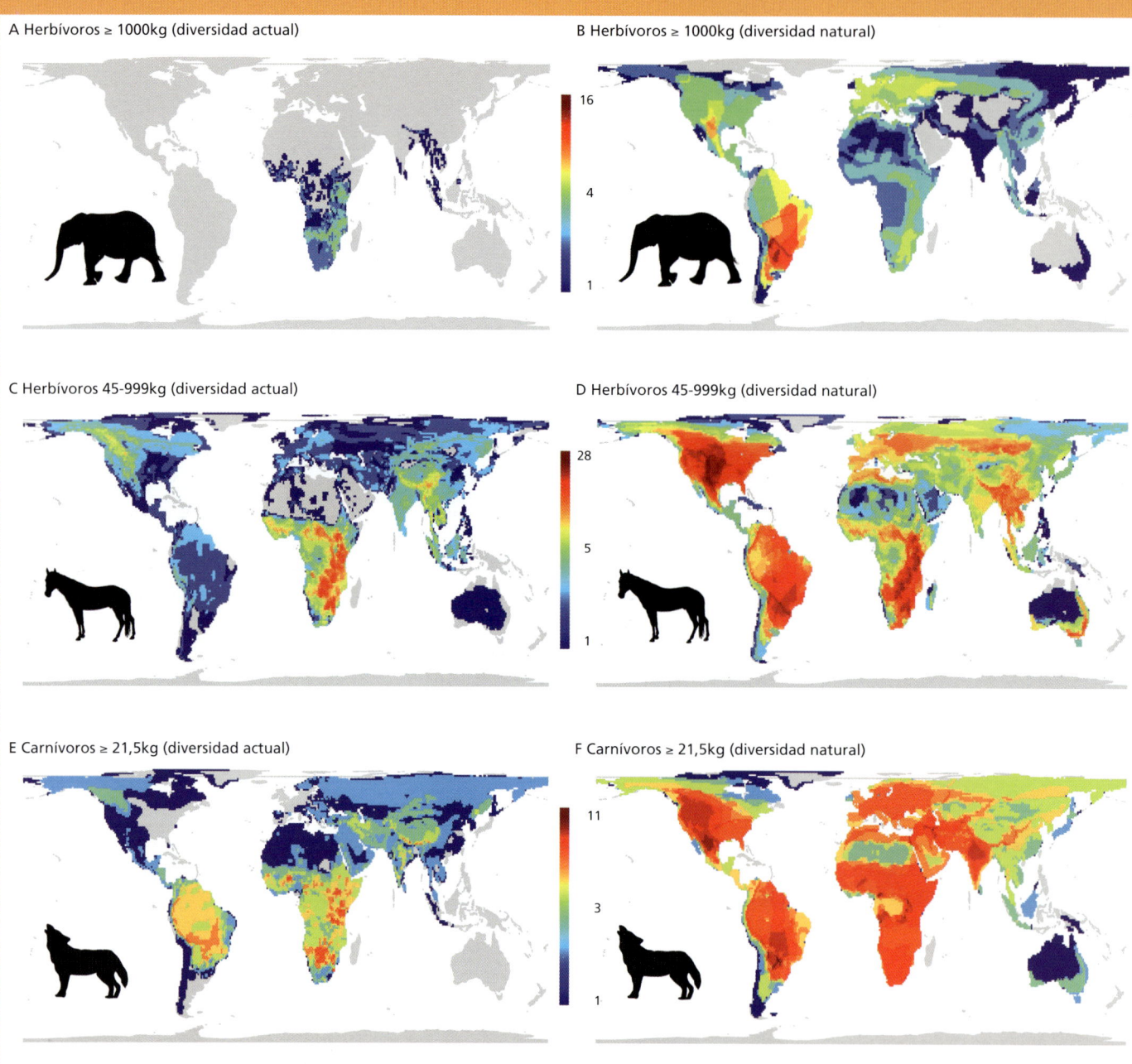

Figura 10.10. Patrones actuales y estimados de diversidad natural actual para A y B, megaherbívoros (≥ 1000 kg), C y D, grandes herbívoros (45-999 kg) y E y F, grandes carnívoros (> 21,5 kg). El término "presente-natural" se refiere al estado en el que estaría un fenómeno hoy en día en ausencia de la influencia humana a través del tiempo. Para estos mapas, los omnívoros se clasificaron como carnívoros cuando la carne constituía una parte importante de su dieta y como herbívoros en caso contrario.
Fuente: Adaptado de Jens-Christian Svenning (2016).

etc. De manera que, si verdaderamente queremos resilvestrar los ecosistemas del mundo, deberíamos devolverles la megafauna del Pleistoceno. En algunos casos esto es posible. Por ejemplo, el oso, el lobo y el bisonte europeo se están reintroduciendo en muchos lugares de Europa, a veces artificialmente y otras de forma natural. Pero en la mayoría de los casos no es posible porque *Gomphoteres*, *Machrauquenia*, *Mammuthus* y *Glyptodon* hace mucho que se extinguieron. Algunos proponen reemplazarlos por especies vivientes similares. Por ejemplo, en lugar del *Gomphoteres* de Costa Rica se podrían introducir elefantes. Otra propuesta es la de introducir tortugas africanas (*Centrochelys sulcata*) para reemplazar a un ave no voladora extinta, el moa-nalo (*Chelychelynechen quassus*), en la isla de Kauai, Hawái.

Claramente, estos proyectos son muy controvertidos. No sabemos si las especies propuestas para la reintroducción desempeñarán exactamente el mismo papel ecológico que las extintas. Corremos el riesgo de causar alguna catástrofe como la de los gorriones en China. Recientemente, hemos tenido un experimento no buscado de este tipo. El narcotraficante Pablo Escobar tenía, entre otros caprichos, un zoológico excepcional. Uno de los animales que más debió de costarle incorporar a su colección en la Hacienda Nápoles fue el hipopótamo

africano. Pero cuando Escobar murió en 1993, muchos animales fueron abandonados a su suerte. Los hipopótamos se expandieron felizmente por la cuenca del río Magdalena y llegaron a tener una población de más de 100 ejemplares. La cuestión es que en los ríos de Colombia nunca hubo un animal parecido al hipopótamo. Este animal es muy peligroso para los seres humanos cuando por la noche sale del agua para comer. Pero en el agua es igualmente peligroso para el resto de la fauna. Se ha podido comprobar que debido a la defecación que los hipopótamos hacen durante el día, la microbiota de los ríos donde están presentes estos animales se parece más a la de su intestino que a la del resto del río y que causa anaerobiosis y la potencial transmisión de patógenos. Está claro que antes de resilvestrar hay que ser extraordinariamente cuidadoso. Pero, por otra parte, tenemos que ser conscientes de que sin la megafauna del Pleistoceno nuestros ecosistemas no estarán completos. Tal vez nunca tengamos un "parque jurásico" con dinosaurios reconstruidos, pero, quién sabe, tal vez podamos tener un parque Pleistoceno.

Sin embargo, hay que tener en cuenta una última consideración. En lugares con densidad de población baja como el Pantanal o los esteros de Iberá, este tipo de resilvestración es

factible. Pero en lugares con una densidad de población muy alta y una historia de intervención humana muy larga, restaurar al estadio anterior a nuestra ocupación parece muy difícil y, en muchos casos, incluso indeseable. Vale la pena decir que la mayoría de los ecosistemas de la península han llegado a un cierto equilibrio después de siglos de poblamiento humano. Esto plantea ciertas dificultades a la hora de pensar en la resilvestración. Por ejemplo, el abandono de bosques y campos de cultivo y la ausencia de ganado en muchos lugares se traduce en un aumento de la frecuencia y voracidad de los incendios. Así que en cada caso es necesario evaluar todas las posibles consecuencias de las intervenciones (Palau, 2020).

## Conclusión

Entre los servicios provistos por los ecosistemas, el último de la tabla 10.1 era el cultural. Aquí se incluyen cuestiones como el placer y serenidad que proporcionan los paseos por la naturaleza, el interés intelectual por conocer nuestro entorno, las aficiones de tantas personas que disfrutan observando aves, mariposas o plantas y las connotaciones de muchas especies para las tradiciones culturales de diferentes etnias. Todo esto, además de los demás puntos de la tabla, justifica que nos preocupe mantener y restaurar la biodiversidad. Pero la razón fundamental no es ninguna de estas. Como afirmó el ecólogo Robert May en el mencionado congreso de ecología microbiana en Barcelona en 1992, la razón esencial es ética: no tenemos derecho a dejar a nuestros bisnietos un planeta empobrecido. Si no tomamos medidas, lo que les dejaremos a las generaciones venideras serán las cuatro plagas —bueno, en realidad los gorriones no, solamente las otras tres—. ¿Somos conscientes de ello?

# Relación de especies mencionadas

L AS tradiciones y normas taxonómicas son diferentes para animales, plantas y microorganismos. Pueden encontrarse en el siguiente capítulo del libro. Además, la taxonomía está cambiando frecuentemente, sobre todo debido a los estudios moleculares cada vez más detallados y con mayor poder discriminatorio. Con frecuencia distintas bases de datos discrepan sobre el rango taxonómico de algunos organismos. Para los grupos menos conocidos he utilizado la base de datos Global Biodiversity Integrating Facility (GBIF)[1]. Pero también he consultado otras bases de datos que se señalan en el siguiente capítulo.

---

1. Véase www.gbif.org/es/.

## Plantas vasculares

| NOMBRE CIENTÍFICO | ORDEN | FAMILIA | DISTRIBUCIÓN |
|---|---|---|---|
| **Angiospermas** | | | |
| *Phoenix canariensis* Nabonnand | Arecales | Arecaceae | Canarias |
| *Argyranthemum adauctum* (Link) (Humphries) subsp. *adauctum* | Asterales | Asteraceae | Canarias |
| *Argyranthemum adauctum* (Link) (Humphries) subsp. *dugourii* (Bolle) (Humphries) | Asterales | Asteraceae | Canarias |
| *Argyranthemum adauctum* (Link) (Humphries) subsp. *erythrocarpon* (Svent.) (Humphries) | Asterales | Asteraceae | Canarias |
| *Argyranthemum broussonetii* (Pers.) (Humphries) subsp. *broussonetii* | Asterales | Asteraceae | Canarias |
| *Argyranthemum broussonetii* subsp. *gomerense* | Asterales | Asteraceae | Canarias |
| *Argyranthemum callichrysum* (Svent.) (Humphries) subsp. *callichrysum* | Asterales | Asteraceae | Canarias |
| *Argyranthemum callichryum* (Svent.) (Humphries) subsp. *gomerense* (O. W. White) | Asterales | Asteraceae | Canarias |
| *Argyranthemum coronopifolium* (Willd.) (Humphries) | Asterales | Asteraceae | Canarias |
| *Argyranthemum foeniculaceum* (Willd.) (Webb ex Sch. Bip.) | Asterales | Asteraceae | Canarias |
| *Argyranthemum frutescens* (L.) (Sch. Bip.) subsp. *frutescens* | Asterales | Asteraceae | Canarias |
| *Argyranthemum frutescens* (L.) (Sch. Bip.) subsp. *gracile* (Christ) (Humphries) | Asterales | Asteraceae | Canarias |
| *Argyranthemum frutescens* (L.) (Sch. Bip.) subsp. *succulentum* (Humphries) | Asterales | Asteraceae | Canarias |
| *Argyranthemum gracile* (Sch. Bip.) | Asterales | Asteraceae | Canarias |
| *Argyranthemum hierrense* (Humphries) | Asterales | Asteraceae | Canarias |
| *Argyranthemum lemsii* (Humphries) | Asterales | Asteraceae | Canarias |
| *Argyranthemum lidii* (Humphries) | Asterales | Asteraceae | Canarias |
| *Argyranthemum sundingii* (L. Borgen) | Asterales | Asteraceae | Canarias |
| *Argyranthemum sventenii* (Humphries y Alldridge) | Asterales | Asteraceae | Canarias |
| *Argyranthemum tenerifae* (Humphries) | Asterales | Asteraceae | Canarias |
| *Argyranthemum vicentii* (Santos y Feria) | Asterales | Asteraceae | Canarias |
| *Argyroxifium caliginis* (C. N. Forbes) | Asterales | Asteraceae | Hawái |
| *Argyroxifium* (DC, 1836) | Asterales | Asteraceae | Hawái |
| *Argyroxifium grayanum* (Hillebr.) (O. Deg.) | Asterales | Asteraceae | Hawái |
| *Argyroxifium kauense* (Rock y Neal) (O. Deg. y I. Deg.) | Asterales | Asteraceae | Hawái |
| *Argyroxifium sandwicense* (DC) subsp. *macrocephalum* (A. Gray) (Mérat) | Asterales | Asteraceae | Hawái |
| *Argyroxifium sandwicense* (DC) subsp. *sandwicense* | Asterales | Asteraceae | Hawái |
| *Argyroxifium virescens* (Hillebr.) | Asterales | Asteraceae | Hawái |
| *Artemisia annua* (L., 1753) | Asterales | Asteraceae | Asia |
| *Commidendrum* (Burch. ex DC) | Asterales | Asteraceae | Santa Elena |
| *Dendroseris* (D. Don, 1832) | Asterales | Asteraceae | Juan Fernández |
| *Dubautia* Gaudich. | Asterales | Asteraceae | Hawái |
| *Dubautia menziesii* (A. Gray) (D. D. Keck) | Asterales | Asteraceae | Hawái |
| *Dubautia raillardioides* (Hillebr.) | Asterales | Asteraceae | Hawái |
| *Glebionis coronaria* (L.) (Cass. ex Spach) | Asterales | Asteraceae | Mediterráneo |
| *Pericallis steetzii* (Bolle) (B. Nord.) | Asterales | Asteraceae | Canarias |
| *Robinsonia* (DC) | Asterales | Asteraceae | Juan Fernández |
| *Scalesia affinis* (Hook. F.) | Asterales | Asteraceae | Galápagos |

| NOMBRE CIENTÍFICO | ORDEN | FAMILIA | DISTRIBUCIÓN |
|---|---|---|---|
| *Scalesia aspera* (Anderss.) | Asterales | Asteraceae | Galápagos |
| *Scalesia atractyloides* (Arn. in Lindl.) | Asterales | Asteraceae | Galápagos |
| *Scalesia baurii* (Robins. y Greenm.) | Asterales | Asteraceae | Galápagos |
| *Scalesia cordata* (Stewart) | Asterales | Asteraceae | Galápagos |
| *Scalesia crockeri* (Howell) | Asterales | Asteraceae | Galápagos |
| *Scalesia divisa* (Anderss.) | Asterales | Asteraceae | Galápagos |
| *Scalesia gordilloi* (O. Hamann y Wium-And.) | Asterales | Asteraceae | Galápagos |
| *Scalesia helleri* (Robins.) | Asterales | Asteraceae | Galápagos |
| *Scalesia incisa* (Hook. F.) | Asterales | Asteraceae | Galápagos |
| *Scalesia microcephala* (Robins.) | Asterales | Asteraceae | Galápagos |
| *Scalesia pedunculata* (Hook. F.) | Asterales | Asteraceae | Galápagos |
| *Scalesia pedunculata* (Hook. F.) | Asterales | Asteraceae | Galápagos |
| *Scalesia retroflexa* (Hemsl.) | Asterales | Asteraceae | Galápagos |
| *Scalesia stewartii* (Riley.) | Asterales | Asteraceae | Galápagos |
| *Scalesia villosa* (Stewart) | Asterales | Asteraceae | Galápagos |
| *Wilkesia* (A. Gray) | Asterales | Asteraceae | Hawái |
| *Wilkesia gymnoxiphium* (A. Gray, 1852) | Asterales | Asteraceae | Hawái |
| *Wilkesia hobdyi* (H. St. John) | Asterales | Asteraceae | Hawái |
| *Echium virescens* (DC) | Boraginales | Boraginaceae | Canarias |
| *Echium webbii* (Coincy) | Boraginales | Boraginaceae | Canarias |
| *Echium wildpretii* (H. Pearson ex Hook. F.) | Boraginales | Boraginaceae | Canarias |
| *Descurainia bourgeauana* (E. Fourn.) (O. E. Schulz) | Brassicales | Brassicaceae | Canarias |
| *Opuntia* (Mill., 1754) | Caryophyllales | Cactaceae | Galápagos |
| *Rumex lunaria* (L.) | Caryophyllales | Polygonaceae | Canarias |
| *Linnaea borealis* (L.) | Dipsacales | Caprifoliaceae | Ártico |
| *Cassia grandis* (L. F.) | Fabales | Fabaceae | Costa Rica |
| *Chamaecytisus proliferus* (L. F.) (Link) | Fabales | Fabaceae | Canarias |
| *Lotus campilocladus* (Webb y Berthel.) | Fabales | Fabaceae | Canarias |
| *Luehea seemanii* (Triana y Planch) | Fabales | Fabaceae | Panamá |
| *Spartocytisus supranubius* | Fabales | Fabaceae | Canarias |
| *Teline osyrioides* (Svent.) (P. E. Gibbs y Dingwall) | Fabales | Fabaceae | Canarias |
| *Jasminus odoratissimum* | Lamiales | Oleaceae | Canarias |
| *Euphorbia balsamífera* (Aiton, 1789) | Malpighiales | Euphorbiaceae | Canarias |
| *Euphorbia canariensis* (L., 1753) | Malpighiales | Euphorbiaceae | Canarias |
| *Hypericum canariensis* | Malpighiales | Hypericaceae | Canarias |
| *Pachira aquatica* (Aubl., 1775) | Malvales | Bombacaceae | Costa Rica |
| *Cistus symphytifolius* (Lam.) | Malvales | Cistaceae | Canarias |
| *Oryza sativa* (L., 1753) | Poales | Poaceae | Doméstica |
| *Pistacia atlantica* (Desf.) | Sapindales | Anacardiaceae | Canarias |
| *Aeonium calderense* (Malkmus ex Arango) | Saxifragales | Crassulaceae | Canarias |
| *Aeonium canariense* (L.) (Webb y Berthel.) | Saxifragales | Crassulaceae | Canarias |

| NOMBRE CIENTÍFICO | ORDEN | FAMILIA | DISTRIBUCIÓN |
|---|---|---|---|
| *Aeonium canariense* (L.) (Webb y Berthel.) subsp. *christii* (Burchard) (Bañares) = *Aeonium palmense* (Webb ex Crist.) | Saxifragales | Crassulaceae | Canarias |
| *Aeonium canariense* (L.) (Webb y Berthel.) subsp. *latifolium* (Burchard) (Bañares) = *Aeonium subplanum* (Praeger) | Saxifragales | Crassulaceae | Canarias |
| *Aeonium canariense* (L.) (Webb y Berthel.) subsp. *virgineum* (Humphries) | Saxifragales | Crassulaceae | Canarias |
| *Aeonium davidbramwellii* (H. Y. Liu) | Saxifragales | Crassulaceae | Canarias |
| *Aeonium escobarii* (Rebmann y Malkmus-Hussein) | Saxifragales | Crassulaceae | Canarias |
| *Aeonium goochiae* (Webb y Berthel.) | Saxifragales | Crassulaceae | Canarias |
| *Aeonium hierrense* (R. P. Murray) (Pit. y Proust) | Saxifragales | Crassulaceae | Canarias |
| *Aeonium lindleyi* (Webb y Berthel.) | Saxifragales | Crassulaceae | Canarias |
| *Aeonium liui* (Arango) | Saxifragales | Crassulaceae | Canarias |
| *Aeonium percarneum* (R. P. Murray) (Pit. y Proust) | Saxifragales | Crassulaceae | Canarias |
| *Aeonium pseudourbicum* (Bañares) | Saxifragales | Crassulaceae | Canarias |
| *Aeonium spathulatum* (Horn.) (Praeger) | Saxifragales | Crassulaceae | Canarias |
| *Aeonium tabuliforme* (Haw.) (Webb y Berthel.) | Saxifragales | Crassulaceae | Canarias |
| *Greenovia aizoon* = *Aeonium aizoon* (Bolle) (T. H. M. Mes) | Saxifragales | Crassulaceae | Canarias |
| *Greenovia aurea* (Hornem.) (Webb y Berthel.) = *Aeonium aureum* (Hornem.) (T. H. M. Mes) | Saxifragales | Crassulaceae | Canarias |
| *Greenovia diplocycla* (Webb ex Bolle) = *Aeonium diplocylcum* (Webb ex Bolle) (T. H. M. Mes) | Saxifragales | Crassulaceae | Canarias |
| *Greenovia dodrantalis* (Willd.) (Webb y Berthel.) = *Aeonium dodrantale* (Willd.) (T. H. M. Mes) | Saxifragales | Crassulaceae | Canarias |
| *Greenovia ignea* (Arango) | Saxifragales | Crassulaceae | Canarias |
| *Convolvulus floridus* (L. F.) | Solanales | Convolvulaceae | Canarias |
| *Merremia aegyptia* (L.) (Urb.) | Solanales | Convolvulaceae | Galápagos |
| *Tribulus cistoides* (L.) | Zygophyllales | Zygophyllaceae | Galápagos |
| Gimnospermas | | | |
| *Cedrus atlantica* (Endl.) (Manetti ex Carrière) | Pinales | Pinaceae | Marruecos |
| *Larix decidua* (Mill., 1768) | Pinales | Pinaceae | Europa |
| *Picea abies* (L.) (H. Karst., 1881) | Pinales | Pinaceae | Europa |
| *Picea sitchensis* (Bong.) (Carr.) | Pinales | Pinaceae | América del Norte |
| *Pinus canariensis* (C. Sm. ex DC.) | Pinales | Pinaceae | Canarias |
| *Pinus halepensis* (Mill., 1768) | Pinales | Pinaceae | Mediterráneo |
| *Pinus pinea* (L.) | Pinales | Pinaceae | Mediterráneo |
| *Pinus sylvestris* (L.) | Pinales | Pinaceae | Eurasia |
| *Pinus uncinata* (Ramond. ex DC.) | Pinales | Pinaceae | Europa |
| *Pseudotsuga menziesii* (Mirb.) (Franco, 1950) | Pinales | Pinaceae | América del Norte |
| *Tsuga heterophylla* (Raf.) (Sarg.) | Pinales | Pinaceae | América del Norte |
| *Tsuga mertesiana* (Bong.) (Carr.) | Pinales | Pinaceae | América del Norte |
| *Callitropsis nootkatensis* (D. Don) (Florin) | Cupressales | Cupressaceae | Canadá |
| *Calocedrus decurrens* (Torr.) (Florin) | Cupressales | Cupressaceae | Estados Unidos |
| *Cryptomeria japónica* (Thunb. ex L. F.) (D. Don) | Cupressales | Cupressaceae | Japón |
| *Cunninghamia lanceolata* (Lamb.) (Hook.) | Cupressales | Cupressaceae | China |
| *Cupressus sempervirens* (L., 1753) | Cupressales | Cupressaceae | Mediterráneo |

| NOMBRE CIENTÍFICO | ORDEN | FAMILIA | DISTRIBUCIÓN |
|---|---|---|---|
| *Metasequoia glyptostroboides* (Hu y W. C. Cheng 1948) | Cupressales | Cupressaceae | China |
| *Platycladus orientalis* (L.) (Franco) | Cupressales | Cupressaceae | China |
| *Sequoia sempervirens* (D. Don) (Endl., 1847) | Cupressales | Cupressaceae | Estados Unidos |
| *Sequoiadendron giganteum* (Lindl.) (J. Buchholz) | Cupressales | Cupressaceae | Estados Unidos |
| *Taxodium distichum* (L.) (Rich.) | Cupressales | Cupressaceae | Estados Unidos |
| *Tetraclinis articulata* (Vahl) (Masters in J. Roy) | Cupressales | Cupressaceae | Cartagena, norte de África |

## Animales

| NOMBRE CIENTÍFICO | ORDEN | FAMILIA | DISTRIBUCIÓN |
|---|---|---|---|
| Filo Chordata | | | |
| Clases Actinopteri, Amphibia y Reptilia | | | |
| *Scorpaena elongata* (Cadenat, 1943) | Scorpaeniformes | Scorpaenidae | Mediterráneo, Atántico |
| *Oophaga pumilio* (Schmidt, 1857) | Anura | Dendrobatidae | Costa Rica |
| *Centrolene prosoblepon* (Boettger, 1892) | Anura | Centrolenidae | Costa Rica |
| *Craugastor crassidigitus* (Taylor, 1952) | Anura | Craugastoridae | Costa Rica |
| *Diasporus diastema* (Cope, 1875) | Anura | Eleutherodactylidae | Costa Rica |
| *Agalychnis callidryas* (Cope, 1862) | Anura | Phyllomedusidae | Costa Rica |
| *Duellmanohyla rufioculis* (Taylor, 1952) | Anura | Hylidae | Costa Rica |
| *Caiman yacare* (Daudin, 1802) | Crocodilia | Alligatoridae | América del Sur |
| *Anolis nubilus* (Garman, 1887) | Squamata | Anolidae | Redonda (endémico) |
| *Iguana delicatissima* (Laurenti, 1768) | Squamata | Iguanidae | Redonda (extinto) |
| *Copeoglossum redondae* (Hedges y Conn, 2012) | Squamata | Scincidae | Redonda (endémico) |
| *Sphaerodactylus* sp. | Squamata | Sphaerodactylidae | Redonda (¿endémico?) |
| *Pholidoscelis atratus* (Garman, 1887) | Squamata | Teiidae | Redonda (endémico) |
| Clase Aves | | | |
| *Nyctibius grandis* (J. F. Gmelin, 1789) | Caprimulgiformes | Nyctibiidae | Costa Rica |
| *Onychoprion anaethetus* (Scopoli, 1786) | Charadriiformes | Laridae | Redonda |
| *Numenius phaeopus* (Linnaeus, 1758) | Charadriiformes | Scolopacidae | Universal |
| *Passer montanus* (Linnaeus, 1758) | Passeriforme | Passeridae | Eurasia |
| *Phaethon aethereus* (Linnaeus, 1758) | Phaethontiformes | Phaethontidae | Redonda |
| *Thalassarche melanophris* (Temminck, 1828) | Procellariiformes | Diomedeidae | Hemisferio sur |
| *Spheniscus demersus* (Linnaeus, 1758) | Sphenisciformes | Spheniscidae | África del Sur |
| *Fregata magnificens* (Mathews, 1914) | Suliformes | Fregatidae | Redonda |
| *Sula dactylatra* (Lesson, 1831) | Suliformes | Sulidae | Redonda |
| *Sula leucogaster* (Boddaert, 1783) | Suliformes | Sulidae | Redonda |
| *Sula sula* (Linnaeus, 1766) | Suliformes | Sulidae | Redonda |
| *Geospiza magnirostris* (Gould, 1837) | Passeriformes | Thraupidae | Galápagos |
| *Geospiza conirostris* (Ridgway, 1890) | Passeriformes | Thraupidae | Galápagos |
| *Geospiza fortis* (Gould, 1837) | Passeriformes | Thraupidae | Galápagos |

| NOMBRE CIENTÍFICO | ORDEN | FAMILIA | DISTRIBUCIÓN |
|---|---|---|---|
| *Geospiza fuliginosa* (Gould, 1837) | Passeriformes | Thraupidae | Galápagos |
| *Geospiza difficilis* (Sharpe, 1888) | Passeriformes | Thraupidae | Galápagos |
| *Geospiza acutirostris* (Ridgway, 1894) | Passeriformes | Thraupidae | Galápagos |
| *Geospiza septentrionalis* (Rothschild y Hartert, 1899) | Passeriformes | Thraupidae | Galápagos |
| *Geospiza scandens* (Gould, 1837) | Passeriformes | Thraupidae | Galápagos |
| *Geospiza propinqua* (Ridgway, 1894) | Passeriformes | Thraupidae | Galápagos |
| *Camarhynchus heliobates* (Snodgrass y Heller, 1901) | Passeriformes | Thraupidae | Galápagos |
| *Camarhynchus pallidus* (Sclater y Salvin, 1870) | Passeriformes | Thraupidae | Galápagos |
| *Camarhynchus parvulus* (Gould, 1837) | Passeriformes | Thraupidae | Galápagos |
| *Camarhynchus pauper* (Ridgway, 1890) | Passeriformes | Thraupidae | Galápagos |
| *Camarhynchus psittacula* (Gould, 1837) | Passeriformes | Thraupidae | Galápagos |
| *Platyspiza crassirostris* (Gould, 1837) | Passeriformes | Thraupidae | Galápagos |
| *Certhidea olivacea* (Gould, 1837) | Passeriformes | Thraupidae | Galápagos |
| *Certhidea fusca* (Sclater y Salvin, 1870) | Passeriformes | Thraupidae | Galápagos |
| *Pinaroloxias inornata* (Gould, 1843) | Passeriformes | Thraupidae | Galápagos |
| *Chlorodrepanis flava* (Bloxam, 1827) | Passeriformes | Fringillidae | Hawái |
| *Chlorodrepanis stejnegeri* (Pratt, 1989) | Passeriformes | Fringillidae | Hawái |
| *Chlorodrepanis virens* (Cabanis, 1851) | Passeriformes | Fringillidae | Hawái |
| *Hemignathus wilsoni* (Rothschild, 1893) | Passeriformes | Fringillidae | Hawái |
| *Himatione sanguinea* (Gmelin, 1788) | Passeriformes | Fringillidae | Hawái |
| *Loxioides bailleui* (Oustalet, 1877) | Passeriformes | Fringillidae | Hawái |
| *Loxops caeruleirostris* (Wilson, 1890) | Passeriformes | Fringillidae | Hawái |
| *Loxops coccineus* (Gmelin, 1789) | Passeriformes | Fringillidae | Hawái |
| *Loxops mana* (Wilson, 1891) | Passeriformes | Fringillidae | Hawái |
| *Magumma parva* (Stejneger, 1887) | Passeriformes | Fringillidae | Hawái |
| *Melamprosops phaeosoma* (Casey y Jacobi, 1974) | Passeriformes | Fringillidae | Hawái |
| *Oreomystis bairdi* (Stejneger, 1887) | Passeriformes | Fringillidae | Hawái |
| *Palmeria dolei* (Wilson, 1891) | Passeriformes | Fringillidae | Hawái |
| *Paroreomyza montana newtoni* (Rothschild, 1893) | Passeriformes | Fringillidae | Hawái |
| *Pseudonestor xanthophrys* (Rothschild, 1893) | Passeriformes | Fringillidae | Hawái |
| *Telespiza cantans* (Wilson, 1890) | Passeriformes | Fringillidae | Hawái |
| *Telespiza ultima* (Bryan, 1917) | Passeriformes | Fringillidae | Hawái |
| *Drepanis coccinea* (Forster, 1780) | Passeriformes | Fringillidae | Hawái |
| Clase Mammalia | | | |
| *Aepyceros melampus* (Lichtenstein, 1812) | Artiodactyla | Bovidae | África del Sur |
| *Connnochaetes taurinus* (Burchell, 1823) | Artiodactyla | Bovidae | África |
| *Dicotyles tajacu* (Linnaeus, 1758) | Artiodactyla | Tayassuidae | América |
| *Canis lupus familiaris* (Linnaeus, 1758) | Carnivora | Canidae | Doméstico |
| *Canis lupus* (Linnaeus, 1758) | Carnivora | Canidae | América y Eurasia |

| NOMBRE CIENTÍFICO | ORDEN | FAMILIA | DISTRIBUCIÓN |
|---|---|---|---|
| *Lycalopex grisea* (J. E. Gray, 1837) | Carnivora | Canidae | Sudamérica |
| *Vulpes lagopus* (Linnaeus, 1758) | Carnivora | Canidae | Ártico |
| *Felis silvestris* subs. *catus* (Schreber, 1775) | Carnivora | Felidae | Doméstico |
| *Leopardus pardalis* (Linnaeus, 1758) | Carnivora | Felidae | Costa Rica |
| *Lynx pardinus* (Temmick, 1827) | Carnivora | Felidae | Eurasia |
| *Panthera leo* (Linnaeus, 1758) | Carnivora | Felidae | África |
| *Panthera onca* (Linnaeus, 1758) | Carnivora | Felidae | América |
| *Panthera pardus* (Linnaeus, 1758) | Carnivora | Felidae | África |
| *Panthera tigris* (Linnaeus, 1758) | Carnivora | Felidae | Asia |
| *Smilodon fatalis* (Leidy, 1869) | Carnivora | Felidae | América |
| *Pteronura brasiliensis* (Gmelin, 1788) | Carnivora | Mustelidae | América del Sur |
| *Otaria flavescens* (Shaw, 1800) | Carnivora | Otariidae | África del Sur |
| *Mirounga leonina* (Linnaeus, 1758) | Carnivora | Phocidae | Hemisferio sur |
| *Glyptodon* (Owen, 1839) | Cingulata | Chlamyphoridae | América del Sur |
| *Notamacropus rufogriseus* (Desmarest, 1817) | Diprotodontia | Macropodidae | Australia |
| *Macrauchenia* (Owen, 1838) | Liptoterna | Macraucheniidae | América del Sur |
| *Equus africanus asinus* (Linnaeus, 1758) | Perissodactyla | Equidae | Doméstico |
| *Equus ferus caballus* (Linnaeus, 1758) | Perissodactyla | Equidae | Doméstico |
| *Equus quagga* (Boddaert, 1785) | Perissodactyla | Equidae | África |
| *Tapirus terrestris* (Linnaeus, 1758) | Perissodactyla | Tapiridae | América del Sur |
| *Megatherium* (Cuvier, 1796) | Pilosa | Megatheriidae | América del Sur |
| *Mylodon* (Owen, 1839) | Pilosa | Mylodontidae | América del Sur |
| *Paramylodon* (Brown, 1903) | Pilosa | Mylodontidae | América del Norte |
| *Myrmecophaga tridactyla* (Linnaeus, 1758) | Pilosa | Myrmecophagidae | América |
| *Alouatta palliata* (Gray, 1849) | Primates | Atelidae | Costa Rica |
| *Homo sapiens* (Linnaeus, 1785) | Primates | Hominidae | Universal |
| *Pan troglodytes* (Blumenbach, 1776) | Primates | Hominidae | África |
| *Mammuthus columbi* (Falconer, 1857) | Proboscidea | Elephantidae | América del Norte y Centroamérica |
| *Gomphotherium* (Burmesiter, 1837) | Proboscidea | Gomphotheriidae | Eurasia, América del Norte, África |
| *Hydrochaerus hydrochaeris* (Linnaeus, 1766) | Rodentia | Caviidae | Sudamérica |
| *Dasyprocta punctata* (Gray, 1842) | Rodentia | Dasyproctidae | Sudamérica |
| Filo Arthropoda | | | |
| *Daphnia* sp. (Müller, 1785) | Diplostraca | Daphniidae | Agua dulce |
| *Circellium bacchus* (Fabricius, 1781) | Coleoptera | Scarabaeidae | África del Sur |
| *Tachina canariensis* (Macquart, 1839) | Diptera | Tachinidae | Canarias |
| *Graphosoma interruptum* (Buchanan-White, 1839) | Hemiptera | Pentatomidae | Canarias |
| ¿*Bombus*? | Himenoptera | | |
| *Vanessa vulcania* (Godart, 1819) | Lepidoptera | Nymphalidae | Canarias |
| *Copiphora rhinoceros* (Pictet, 1888) | Orthoptera | Tettigoniidae | Costa Rica |

# Microorganismos

| MICROORGANISMO | FILO | CLASE | FAMILIA | AMBIENTE |
|---|---|---|---|---|
| *Haloquadratum walsbii* | Euryarchaeota | Halobacteria | Haloferacaceae | Hipersalino |
| *Leeuwenhoekiella blandensis* | Bacteroidota | Flavobacteria | Flavobacteriaceae | Marino |
| *Mesonia oceanica* | Bacteroidota | Flavobacteria | Flavobacteriaceae | Marino |
| *Polaribacter dokdonensis* | Bacteroidota | Flavobacteria | Flavobacteriaceae | Marino |
| *Chloroflexus* sp. | Chloroflexota | Chloroflexia | Chlorflexaceae | Tapetes microbianos |
| *Arcobater* sp. | Campylobacterota | Campylobacteria | Arcobacteraceae | Marino |
| *Escherichia coli* | Pseudomonadota | Gammaproteobacteria | Enterobacteraceae | Intestino |
| *Bermanella marisrubri* | Pseudomonadota | Gammaproteobacteria | Oceanospirillaceae | Marino |
| *Cycloclasticus* sp. | Pseudomonadota | Gammaproteobacteria | Piscirickettsiaceae | Marino |
| *Dokdonella fugitiva* | Pseudomonadota | Gammaproteobacteria | Rhodanobacteraceae | Marino |
| *Reinekea blandensis* | Pseudomonadota | Gammaproteobacteria | Oceanospirillaceae | Marino |
| *Salinibacter ruber* | Rhodothermota | Rhodothermia | Salinibacteraceae | Hipersalino |
| *Plagiopyla ovata* (Kahl, 1931) | Ciliophora | Kinetofragminophora | Plagiopyllidae | Agua dulce |
| *Coleps hirtus* (Müller, 1786) (Nitzsch, 1827) | Ciliophora | Prostomatea | Colepidae | Agua dulce |
| *Cryptomonas phaseolus* (Skuja) | Cryptophyta | Cryptophyceae | Cryptomonadaceae | Agua dulce |
| *Trypanosoma cruzii* (Chagas, 1909) | Euglenozoa | Kinetoplastea | Trypanosomatidae | Patógeno |
| *Emiliania huxleyii* (Lohmann) (Hay y Mohler, 1967) | Haptophyta | Prymnesiophyceae | Noelaerhabdaceae | Marino |
| *Ceratium* sp. (F. Schrank, 1793) | Myzozoa | Dinophyceae | Ceratiaceae | Acuático |
| *Pseudo-nitzschia delicatissima* (Cleve) (Heiden) | Ochrophyta | Bacillarophyceae | Bacillariaceae | Marino |
| *Pseudo-nitzschia pseudodelicatissima* (Hasle) (Hasle emend.) (Lundholm, Hasle y Moestrup) | Ochrophyta | Bacillarophyceae | Bacillariaceae | Marino |
| *Diatomea Pinnularia* sp. (C. G.Ehrenberg, 1843) | Ochrophyta | Bacillarophyceae | Pinnulariaceae | Agua dulce |

# Fuentes electrónicas

## Biodiversidad, regulaciones y conservación

- Convención sobre la Diversidad Biológica, www.cbd.int/.
- The World Resources Institute (WRI). Fuente de información mundial sobre datos y hechos de la biodiversidad, www.wri.org/.
- UNEP-World Conservation Monitoring Centre (UNEP-WCMC). Organización internacional para gestion de la infroación sobre biodiversidad y conservación, www.unep-wcmc.org/en.

## Nomenclatura y taxonomía

- Código Internacional de Nomenclatura Zoológica (1999), https://lc.cx/XBDe-j.
- Código Internacional de Nomenclatura para Algas, Hongos y Plantas, aprobado en Shenzhen (China) (2017), https://lc.cx/Wr0rJX.
- Código Internacional de Nomenclatura de Procariotas (2008), https://lc.cx/7s4ar1.
- Código de Nomenclatura para los Virus, https://lc.cx/GXTRSg.

**Plantas**

- Solamente he considerado plantas con semillas (Spermatophyta). Este grupo es fácilmente divisible de la forma clásica entre gimnospermas y angiospermas.
- Para las primeras la clasificación estándar es la de Christenhusz *et al.* (2016). Yang *et al.* (2020) han introducido algunas modificaciones.
- Para las segundas, la del Angyosperm Phylogeny Group IV (APG IV, 2016). Los taxones superiores de plantas, de clase para arriba son confusos y variables entre distintas autoridades y no los he utilizado. De hecho, la APG IV no los considera.

**Bacterias y arqueas**

- LPSN: List of Prokaryotic Names with Standing in Nomenclature, www.bacterio.net/.

## Bases de datos

- Our World in Data (número de especies total), https://lc.cx/vlAOod.
- Catalogue of Life, www.catalogueoflife.org/.
- Integrated Taxonomic Information System (ITIS), www.itis.gov/.
- Global Biodiversity Integrating Facility (GBIF), www.gbif.org/es/.
- FishBase: Froese, R. y Pauly, D. (eds.) (2023), www.fishbase.org.
- Reptile database, www.reptile-database.org/.
- Mammal Diversity Database, American Society of Mammalogists, https://lc.cx/KYVRJd.
- Mammal Species of the World, https://lc.cx/Um84aP.
- Birds of the World / HBW Alive 2023, https://lc.cx/k9-zUu.
- Plants of the World, https://lc.cx/c3FPHE.
- World Flora Online, www.worldfloraonline.org/.
- Gymnosperm Database, www.conifers.org/.

## Árboles de la vida

- El árbol de la vida de las plantas de Royal Botanical Gardens Kew, https://treeoflife.kew.org/.

- Árbol de la vida interactivo OneZoom, www.onezoom.org/.
- Open Tree of Life, https://lc.cx/ZEmNjh.
- Tree of Life Web Project, www.tolweb.org/tree.

## Islas

- Biodiversidad de Canarias (Biocan), www.biodiversidadcanarias.es.
- Especies vegetales de Canarias (EVC), https://lc.cx/tvbC9y.
- Flora de las Islas Canarias, https://lc.cx/0oSGHa.
- Página sobre flora de Hawái del Museo Bishop, www.plantsofhawaii.org/.
- Fundación Darwin (islas Galápagos), www.darwinfoundation.org/es/.
- Parque Nacional Archipiélago Juan Fernández, https://lc.cx/COx_rM.
- Flora vascular silvestre del Archipiélago Juan Fernández, https://lc.cx/WK66z4.
- Isla Redonda, https://lc.cx/itj0Hb.

## Varios

- Análisis del estado de las plantas en el mundo, https://lc.cx/JhoVpH.
- Artículo sobre el número de especies de plantas, https://lc.cx/Wh5ic6.
- New Phytologist Foundation, número especial de *Plants, People & Planet* sobre protección y sostenibilidad en el uso de plantas y hongos, https://lc.cx/ScEDLA.
- San Diego Zoo, https://lc.cx/QQmG3W.

# Referencias consultadas

ADANSON, M. (1763): *Familles des Plantes*, París, Chez Vincent Imprimeur-Libraire de Monseigneur le Comte de Provence.

ALVARADO, R. (1966): "Sistemática, taxonomía, clasificación y nomenclatura", conferencia pronunciada el 21 de mayo, https://lc.cx/Yo0m9W.

AMATO, A. *et al.* (2007): "Reproductive Isolation among Sympatric Cryptic Species in Marine Diatoms", *Protist*, 158(2), pp. 193-207.

ANGIOSPERM PHYLOGENY GROUP (2016): "An update of the Angiosperm Phylogeny Group classification for the orders and families of flowering plants: APG IV", *Botanical Journal of the Linnean Society*, 181(1), pp. 1-20.

ANTONELLI, A. *et al.* (2023): *State of the World's Plants and Fungi*, Kew, Royal Botanical Gardens, https://lc.cx/kkEPXD.

ARANA, P. M. (2010): *La Isla Robinson Crusoe*, Valparaíso, Pontificia Universidad Católica de Valparaíso, Ediciones Universitarias de Valparaíso.

ARANGO, O. (2019): "*Aeonium liui* (Crassulaceae): nueva especie de Tenerife, islas Canarias", *Botánica Macaronésica*, 30, pp. 7-22.

— (2023a): "*Greenovia ignea* y *Aeonium calderense* (Crassulaceae): dos nuevas especies de La Palma, islas Canarias", *Botánica Macaronésica*, 32, pp. 145-166.

— (2023b): "Descripción de *xGreenonium pedrosalioi*, el primer híbrido natural de *Greenovia ignea* (Crassulaceae), La Palma, islas Canarias", *Botánica Macaronésica*, 33, pp. 37-46.

ASHMOLE, P. y ASHMOLE, M. (2016): *Natural History of Tenerife*, Caitheness, Whittles Publishing Ltd.

Bañares Baudet, Á. (2015): *Las plantas suculentas (Crassulaceae) endémicas de las islas Canarias*, Santa cruz de Tenerife, Turquesa Ediciones.

Bannerman, D. A. (1922): *The Canary Islands. Their history, natural history and scenery. An account of an ornithologist's camping trips in the archipelago*, Londres, Gurney & Jackson.

Barthlott, W. *et al.* (2007): "Geographic patterns of vascular plant diversity at continental to global scales", *Erdkunde*, 61, pp. 305-315.

Bartomeus, I. (2023): *Cómo se meten ocho millones de especies en un planeta*, Madrid, CSIC-Catarata.

Barton, K. E. *et al.* (2021): "Hawaii forest review: Synthesizing the ecology, evolution, and conservation of a model system", *Perspectives in Plant Ecology, Evolution and Systematics*, 52, pp. 125631.

Basset, Y. (2001): "Invertebrates in the canopy of tropical rain forests. How much do we really know?", *Plant Ecology*, 153, pp. 87-107.

Basset, Y. *et al.* (1977): "A review of methods for sampling arthopods in tree canopies", en N. E. Stork, J. Adis y R. K. Didham (eds.), *Canopy Arthropods*, Londres, Chapman & Hall, pp. 27-52.

— (2012): "Arthropod Diversity in a Tropical Forest", *Science*, 338, pp. 1481-1484.

Betts, H. C. *et al.* (2018): "Integrated genomic and fossil evidence illuminates life's early evolution and eukaryote origin", *Nature Ecology & Evolution*, 2, pp. 1556-1562, www.nature.com/natecolevol.

Bohm, B. A. (2004): *Hawai'i's Native Plants*, Honolulu, Mutual Publishing.

Borgen, L. (1976): "Analysis of a hybrid swarm between *Argyranthemum adauctum* and *A. filifolium* in the Canary Islands", *Norwegian Journal of Botany*, 23, pp. 121-137.

— (1980): "A new species of *Argyranthemum* (Compositae) from the Canary Islands", *Norwegian Journal of Botany*, 27, pp. 163-165.

Boyer, A. G. (2008): "Extinction patterns in the avifauna of the Hawaiian Islands", *Diversity and Distributions*, 14, pp. 509-517.

Bramwell, D. y Bramwell, Z. (2001): *Flores silvestres de las islas Canarias*, 4ª edición, Madrid, Rueda.

Brito-Castro, M. C. (coord.) (2008): *Naturaleza Canaria. Medio físico*, materiales curriculares, cuadernos de aula, educación secundaria y bachillerato, Santa Cruz de Tenerife, Gobierno de Canarias, Consejería de Educación, Universidades, Cultura y Deportes del Gobierno de Canarias, Dirección General de Ordenación e Innovación Educativa.

Buckley, R. *et al.* (2019): "Economic value of protected areas via visitor mental health", *Nature Communications*, https://lc.cx/ATuqEK.

Burki, F. *et al.* (2020): "The New Tree of Eukaryotes", *Trends in Ecology & Evolution*, 35(1), pp. 43-55.

Caley, M. J.; Fisher, R. y Mengersen, K. (2014): "Global species richness estimates have not converged", *Trends in Ecology & Evolution*, 29(4), pp. 187-188.

Cardinale, B. J. *et al.* (2012): "Biodiversity loss and its impact on humanity", *Nature*, 486, pp. 59-67.

Carey, J. (2016): "Rewilding", *Proceedings of the National Academy of Sciences of the United States of America*, 113(4), pp. 806-808.

Carlquist, S. (1965): *Island Life. A natural history of the islands of the world. American Museum of Natural History*, Nueva York, The Natural History Press.

Casey, T. L. C. y Jacobi, J. D. (1974): "A new genus and species of bird from the Island of Maui, Hawaii (Passeriformes: Drepanididae). Ocas", *Occasional Papers Bernice P. Bishop Museums*, 24(12), pp. 216-226.

Cermeño, P. (2020): *Las diatomeas y los bosques invisibles del océano*, Madrid, CSIC-Catarata.

Cheek, M. *et al.* (2020): "New scientific discoveries: Plants and fungui", *Plants, People, Planet*, 2, pp. 371-388.

Christenhusz, M. J. M. *et al.* (2011): "A new classification and linear sequence of extant gymnosperms", *Phytotaxa*, 19, pp. 55-70.

Climent, J. *et al.* (2004): "Fire adaptations in the Canary Islands pine (*Pinus canariensis*)", *Plant Ecology*, 171, pp. 185-196.

Condit, R.; Pérez, R. y Daguerre, N. (2011): *Trees of Panama and Costa Rica*, Princeton Field Guides, Princeton y Oxford, Princeton University Press.

Costanza, R. *et al.* (1997): "The value of the world's ecosystem services and natural capital", *Nature*, 387, pp. 253-260.

Costello, M. J. *et al.* (2015): "Factors influencing when species are first named and estimating global species richness", *Global Ecology and Conservation*, 4, pp. 243-254.

— (2012): "Predicting Total Global Species Richness Using Rates of Species Description and Estimates of Taxonomic Effort", *Systematic Biology*, 61(5), pp. 871-883.

Cowlings, R. y Richardson, D. (1995): *Fynbos. South Africa's unique floral kingdom*, Vlaeberg, Fernwood Press.

Crespo, B. G. *et al.* (2016): "Probing the Rare Biosphere of the North-West Mediterranean Sea: An Experiment with High Sequencing Effort", *PLoS ONE*, 11(7).

CROFT, D. A.; GELFO, J. N. y LÓPEZ, G. M. (2020): "Splendid Innovation: The Extinct South American Native Ungulates", *Annual Review of Earth and Planetary Sciences*, 48, pp. 259-290.

CULLINEY, J. L. (2006): *Islands in a far sea. The fate of nature in Hawaii, Revised Edition*, Honolulu, University of Hawaii Press.

CUNHA, T. *et al.* (2006): "*Dokdonella fugitiva* sp. nov., a Gammaproteobacterium isolated from potting soil", *Systematic and Applied Microbiology*, 29(3), pp. 191-196.

DALTRY, J. C. (2007): "An introduction to the herpetofauna of Antigua, Barbuda and Redonda, with some conservation recommendations", *Applied Herpetology*, 4, pp. 97-130.

DARWIN, C. (1909): *The Voyage of the Beagle*, Nueva York, Collier & Son Corporation.

DÍAZ, S. y MALHI, Y. (2022): "Biodiversity: Concepts, Patterns, Trends, and Perspectives", *Annual Review of Environment and Resources*, 47, pp. 31-63.

DOBSON, A. (2009): "Food-web structure and ecosystem services: insights from the Serengeti", *Philosophical Transactions of the Royal Society B: Biological Sciences*, 364, pp. 1665-1682.

DOLPHIN, K. y QUICKE, D. L. (2001): "Estimating the global species richness of an incompletely described taxon: an example using parasitoid wasps (Hymenoptera: Braconidae)", *Biological Journal of the Linnean Society*, 73, pp. 279-286.

DONIHUE, C. *et al.* (2021): "Population increase and changes in behavior and morphology in the Critically Endangered Redonda ground lizard (*Pholidoscelis atratus*) following the successful removal of alien rats and goats", *Integrative Zoology*, 16, pp. 379-389.

ERWIN, T. L. (1990): "Canopy arthropod biodiversity: a chronology of sampling techniques and results", *Revista Peruana de Entomología*, 32, pp. 71-77.

— (1995): "Measuring Arthropod Biodiversity in the Tropical Forest Canopy", https://lc.cx/6RzqLy.

ERWIN, T. L. y SCOTT, J. C. (1980): "Seasonal and size patterns, trophic structure, and richness of coleoptera in the tropical arboreal ecosystem: The fauna of the tree *Luehea seemannii* Triana and Planch in the Canal Zone of Panama", *The Coleopterists Bulletin*, 34(3), pp. 305-322.

FARRINGTON, H. *et al.* (2014): "The evolutionary history of Darwin's finches: speciation, gene flow, and introgression in a fragmented landscape", *Evolution*, 68(10), pp. 1-13.

Fernández-Palacios, J. M. (2004): "The Islands of Macaronesia", https://lc.cx/mEB4cy.

— (2009): "Relictualismo en islas oceánicas. El caso de la laurisilva macaronésica", en R. Real y A. L. Márquez (eds.), *Biogeografía Scientia Biodiversitatis*, Málaga, Universidad de Málaga.

Fernández-Palacios, J. M. *et al.* (2021): "Scientists' warning: The outstanding biodiversity of islands is in peril", *Global Ecology and Conservation*, 31.

Fischer, R. *et al.* (2015): "Species Richness on Coral Reefs and the Pursuit of Convergent Global Estimates", *Current Biology*, 25, pp. 500-505.

Francisco-Ortega, J. *et al.* (2000): "Plant Genetic Diversity in the Canary Islands: A Conservation Perspective", *American Journal of Botany*, 87(7), pp. 909-919.

Fundación Charles Darwin y WWF-Ecuador (2018): *Atlas de Galápagos, Ecuador: Especies Nativas e Invasoras*, Quito, FCD y WWF Ecuador.

García-Robledo, C. *et al.* (2020): "The Erwin equation of biodiversity: From little steps to quantum leaps in the discovery of tropical insect diversity", *Biotropica*, 52, pp. 590-597.

García-Talavera, F. (1999): "La Macaronesia. Consideraciones geológicas, biogeográficas y paleoecológicas", en *Ecología y cultura en Canarias*, La Laguna, Universidad de La Laguna.

Gargiullo, M. B.; Magnuson, B. y Kimball, L. (2008): *A Field Guide to the Plants of Costa Rica*, Oxford, Oxford University Press.

Gaston, K. J. y May, R. M. (1992): "Taxonomy of taxonomists", *Nature*, 356, pp. 281-282.

Gaston, K. J. y Spicer, J. I. (2004): *Biodiversity. An Introduction*, Malden, Blackwell Science Ltd.

González, J. M. *et al.* (2008): "Genome analysis of the proteorhodopsin-containing marine bacterium *Polaribacter* sp. MED152 (Flavobacteria)", *Proceedings of the National Academy of Sciences of the United States of America*, 105(25), pp. 8724-8729.

Gradstein, S. R. y Weber, W. A. (1982): "Biogeography of the Galapagos Islands", *Journal Hattori Botanical Laboratory*, 52, pp. 127-152.

Grant, P. R. y Grant, B. R. (2008): *How and why species multiply. The radiation of Darwin's finches*, Princeton y Oxford, Princeton University Press.

Groombridge, J. J. *et al.* (2004): "An attempt to recover the Poo-uli by translocation and an appraisal of recovery strategy for bird species of extreme rarity", *Biological Conservation*, 118, pp. 365-375.

— (2006): "Patterns of spatial use and movement of the Poo-uli, a critically endangered Hawaiian honeycreeper", *Biodiversity and Conservation*, 15, pp. 3357-3368.

GRATTEPANCHE, J.-D. *et al.* (2018): "Microbial Diversity in the Eukaryotic SAR Clade: Illuminating the Darkness Between Morphology and Molecular Data", *BioEssays*, 40.

HAMANN, O. (1979): "On climatic conditions, vegetation types, and leaf size in the Galapagos Islands", *Biotropica*, 11, pp. 101-122.

HE, T.; LAMONT, B. B. y PAUSAS, J. G. (2019): "Fire as a key driver of Earth's biodiversity", *Biological Reviews*, 94, pp. 1983-2010.

HEDLUND, B. P. *et al.* (2022): "SeqCode: a nomenclatural code for prokaryotes described from sequence data", *Nature Microbiology*, 7.

HORSFALL, R. B. (1913): *A History of Land Mammals in the Western Hemisphere*, Nueva York, Boston y Chicago, The Mcmillan Company, p. 216.

HUG, L. A. *et al.* (2016): "A new view of the tree of life", *Nature Microbiology*, 1.

HUMPHRIES, C. J. (1976): "A revision of the Macaronesian genus Argyranthemum Webb ex Schultz Bio (Compositae-Anthemidae)", *Bulletin of the British Museum (Natural History) Botany*, 5(4), pp. 145-240.

IPBES (2019): "Global assessment report on biodiversity and ecosystem services of the Intergovernmental Science-Policy Platform on Biodiversity and Ecosystem Services", 4 de mayo, https://lc.cx/qyZnGt.

IRIARTE, J. *et al.* (2022): "Ice Age megafauna rock art in the Colombian Amazon?", *Philosophical Transactions of the Royal Society B*, 377, https://lc.cx/S6ULNq.

ITOW, S. (1992): "Altitudinal change in plant endemisms, species turnover, and diversity on Isla Santa Cruz, Galápagos Islands", *Pacific Science*, 46, pp. 251-268.

— (1995): "Phytogeography and ecology of Scalesia (Compositae) endemic to the galápagos Islands", *Pacific Islands*, 49, pp. 17-30.

— (2003): "Zonation pattern, succession process and invasion by aliens in species-poor insular vegetation of the Galapagos Islands", *Biology, Environmental Science*, pp. 39-58, https://lc.cx/PCFnOq.

JANZEN, D. H. (dir.) (1983): *Costa Rican natural History*, Chicago, University of Chicago Press.

JANZEN, D. H. y MARTIN, P. S. (1982): "Neotropical Anachronisms: The Fruits the Gomphotheres Ate", *Science*, 215(4528), pp. 19-27.

JOHNSON, K. R. y OWENS, I. F. P. (2023): "A global approach for natural history museum collections. Integration of the world's natural history collections can provide a resource for decision-makers", *Science*, 379, pp. 1192-1194.

Jorgensen, T. H. y Frydenberg, J. (1999): "Diversification in insular plants: inferring the phylogenetic relationship in *Aeonium* (Crassulaceae) using ITS sequences of nuclear ribosomal DNA", *Nordic Journal of Botany*, 19, pp. 613-621.

Jorgensen, T. H. y Olesen, J. M. (2000): "Growth rules based on the modularity of the Canarian *Aeonium* (Crassulaceae) and their phylogenetic value", *Botanical Journal Linnean Society*, 132, pp. 223-240.

Kalenitchenko, D. *et al.* (2018): "Ultrarare marine microbes contribute to key sulphur-related ecosystem functions", *Molecular Ecology*, 27, pp. 1494-1504.

Kappelle, M. (dir.) (2016): *Costa Rican Ecosystems*, Chicago, University of Chicago Press.

Keeley, J. E. (2012): "Ecology and evolution of pine life histories", *Annals of Forest Science*, 69, pp. 445-453.

Keller, L. *et al.* (2018): *Galapagos: the archipelago's science and natural history*, Zúrich, Swiss Association of Friends of the Galapagos Islands.

Kelly, L. T. *et al.* (2020): "Fire and biodiversity in the Anthropocene", *Science*, 370, pp.

Kim, S.-C. *et al.* (2008): "Timing and Tempo of Early and Successive Adaptive Radiations in Macaronesia", *PLoS ONE*, 3.

Knowlton, J. L. *et al.* (2014): "First Record of Hybridization in the Hawaiian Honeycreepers: 'I'iwi (*Vestiaria coccinea*) x Apapane (*Himatione sanguinea*)", *The Wilson Journal of Ornithology*, 126(3), pp. 562-568.

Lamichhaney, S. *et al.* (2015): "Evolution of Darwin's finches and their beaks revealed by genome sequencing", *Nature*, 518, pp. 371-375.

— (2018): "Rapid hybrid speciation in Darwin's finches", *Science*, 359, pp. 224-228.

Lebeis, S. L. (2015): "Greater than the sum of their parts: characterizing plant microbiomes at the community-level", *Current Opinion in Plant Biology*, 24, pp. 82-86.

Leenders, T. (2001): *A Guide to Amphibians and Reptiles of Costa Rica*, Miami, Zona Tropical Publications.

Lems, K. (1960): "Botanical notes on the Canary Islands II. The evolution of plant forms in the islands: *Aeonium*", *Ecology*, 41(1), pp. 1-17.

Lenski, R. E. (2017): "Experimental evolution and the dynamics of adaptation and genome evolution in microbial populations", *ISME Journal*, 11, pp. 2181-2194.

Lerner, H. *et al.* (2011): "Multilocus Resolution of Phylogeny and Timescale in the Extant Adaptive Radiation of Hawaiian Honeycreepers", *Current Biology*, 21, pp. 1838-1844.

Leuschner, C. (1996): "Timberline and alpine vegetation on the tropical and warm-temperate oceanic islands of the world: elevation, structure and floristics", *Vegetatio*, 123, pp. 193-206.

Lewin, H. A. *et al.* (2018): "Earth BioGenome Project: Sequencing life for the future of life", *Proceedings of the National Academy of Sciences of the United States of America*, 115(17), pp. 4325-4333.

Linnaeus, C. (1767-1770): *Systema naturae, per regna tria naturae, secundum classes, ordines, genera, species, cum characteribus, differentiis, synonymis, locis*, Vindobonae, Typis Ioannis Thomae.

Locey, K. J. y Lennon, J. T. (2016): "Scaling laws predict global microbial diversity", *Proceedings of the National Academy of Sciences of the United States of America*, 113, pp. 5970-5975.

Lodé, J. (2010): *Plantas suculentas de las islas Canarias*, Santa Cruz de Tenerife, Publicaciones Turquesa.

Lowman, M. D. y Moffett, M. (1993): "The Ecology of Tropical Rain Forest Canopies", *Trends in Ecology and Evolution*, 8(3), pp. 104-106.

Lucena, T. *et al.* (2020): "*Mesonia oceanica* sp. nov, isolated from oceans during Tara Oceans Expedition, with a preference for mesopelagic waters", *International Journal of Systematic and Evolutionary Microbiology*, 70(7), pp. 4329-4338.

Maestre, F. T. *et al.* (2012): "Plant Species Richness and Ecosystem Multifunctionality in Global Drylands", *Science*, 335, pp. 214-218.

Malkmus, B. (2002): "Il genere *Aeonium* Webb & Berthelot (Crassulaceae). Uno sguardo su nuove specie", *Piante Grasse*, 22, pp. 134-137.

Mandelbrot, B. (1967): "How Long Is the Coast of Britain? Statistical Self-Similarity and Fractional Dimension", *Science*, 156(3775), pp. 636-638.

Manning, P. *et al.* (2018): "Redefining ecosystem multifunctionality", *Nature Ecology & Evolution*, 2, pp. 427-436.

Marchant, J. (1916): *Alfred Russel Wallace: Letters and Reminiscences*, vol. 1, Londres, Nueva York, Toronto y Melbourne, Cassell and Company, pp. 36-37.

Margalef, R. (1983): *Limnología*, Barcelona, Omega S. A.

Martínez Carmona, J. M. y Torrens Rodríguez, F. (2009): *Flora y Fauna del Parque Nacional del Teide. Patrimonio Mundial*, Santa Cruz de Tenerife, Publicaciones Turquesa.

May, R. M. (1988): "How many species are there on Earth?", *Science*, 241, pp. 1441-1449.

— (2011): "Why worry about how many species and their loss?", *PLoS Biology*, 9(8).

MENDELSON, T. C. y SAFRAN, R. J. (2021): "Speciation by sexual selection: 20 years of progress", *Trends in Ecology & Evolution*, 36(12), pp. 1153-1163.

MESSERSCHMID, T. F. E. *et al.* (2023): "Inter- and intra-island speciation and their morphological and ecological correlates in *Aeonium* (Crassulaceae), a species-rich Macaronesian radiation", *Annals of Botany*, XX, pp. 1-15.

MISHRA, S.; HÄTTENSCHWILER, S. y YANG, X. (2020): "The plant microbiome: A missing link for the understanding of community T dynamics and multifunctionality in forest ecosystems", *Applied Soil Ecology*, 145(2020).

MORA, C. *et al.* (2011): "How Many Species Are There on Earth and in the Ocean?", *PLoS Biology*, 9(8).

MOUNTAINSPRING, S. *et al.* (1990): "Ecology, behavior, and conservation of the poo-uli (*Melamprosops phaeosoma*)", *Wilson Bulletin*, 102(l), pp. 109-122.

MURRAY, R. P. (1899): "Canarian and Madeiran Crassulaceae", *The Journal of Botany: British and Foreign*, 37, pp. 201-204.

NERILLI, G.; NARANJO CIGALA, A. y FERNÁNDEZ-PALACIOS, J. M. (s. f.): "Ecosistemas insulares macaronésicos", en *Evaluación de los ecosistemas del milenio en España*, La Laguna y Las Palmas de Gran Canaria, Universidad de La Laguna, Departamento de Ecología, Universidad de las Palmas de Gran Canaria, Departamento de Geografía, pp. 895-980.

NORDERA, S. J. *et al.* (2020): "Global change in microcosms: Environmental and societal predictors of land cover change on the Atlantic Ocean Islands", *Anthropocene*, 30.

NORMILE, D. (1999): "Crossing Rice Strains to Keep Asia's Rice Bowls Brimming", *Science*, 283, p. 313.

PAARMANN, W. y STORK, N. E. (1987): "Canopy fogging, a method of collecting living insects for investigations of life history strategies", *Journal of Natural History*, 21, pp. 563-566.

PALAU, J. (2020): *Rewilding Iberia. Explorando el potencial de la renaturalización en España*, Barcelona, Lynx Edicions.

PARKER, C. T.; TINDALL, B. J. y GARRITY, G. M. (eds.) (2019): "International Code of Nomenclature of Prokaryotes", *International Journal of Systematic and Evolutionary Microbiology*, 69(1A), pp. S1-S111.

PAXTON, E. H. *et al.* (2016): "Collapsing avian community on a Hawaiian island", *Science Advances*, 2.

PEDRÓS-ALIÓ, C. (2006): "Marine microbial diversity: can it be determined?", *Trends in Microbiology*, 14(6), pp. 257-263.

— (2011): "L'expulsió del paradís: els pinsans de Hawaii i la biologia de la conservació", *Omnis Cellula*, 27, pp. 10-16.

— (2012): "The rare bacterial biosphere", *Annual Review in Marine Science*, 4, pp. 449-466.

— (2013): "Rare Biosphere", en S. A. Levin (ed.), *Encyclopedia of Biodiversity*, vol. 6, Waltham, Academic Press, pp. 345-352.

— (2021): "Time travel in microorganisms", *Systematic and Applied Microbiolgoy*, 44.

— (2021): *Las plantas de Atacama. El desierto cálido más árido del mundo*, Madrid, CSIC-Catarata.

Pedrós-Alió, C. y Manrubia, S. (2016): "The vast unknown microbial biosphere", *Proceedings of the National Academy of Sciences of the United States of America*, 113(21), pp. 1-3.

Penneckamp, D. (2018): *Flora vascular silvestre del archipiélago Juan Fernández*, Valparaíso, Planeta de Papel Ediciones.

Pensoft, E. O. (2015): "Celebrating with the 'beetle' man: Terry Erwin's 75th birthday", *ZooKeys*, 541, pp. 1-40.

Pimm, S. L. y Joppa, L. N. (2015): "How Many Plant Species are There, Where are They, and at What Rate are They Going Extinct?", *Annals of the Missouri Botanical Garden*, 100(3), pp.170-176.

Pinhassi, J. *et al.* (2006): "*Leeuwenhoekiella blandensis*, sp. nov., a genome-sequenced novel marine member of the family Flavobacteriaceae", *International J. Systematic and Evolutionary Microbiology*, 56, pp. 1489-1493.

— (2007): "*Reinekea blandensis* sp. nov., a marine genome-sequenced gammaproteobacterium", *International Journal Systematic and Evolutionary Microbiology*, 57, pp. 2370-2375.

— (2009): "*Bermanella marisrubri* gen. nov., sp. nov., a genome-sequenced gammaproteobacterium from the Red Sea", *International Journal of Systematic and Evolutionary Microbiology*, 59, pp. 373-377.

Por, F. D. (1995): *The Pantanal of Mato Grosso (Brazil). World's Largest Wetlands*, Dordrecht, Kluwer Academic Publishers.

Potter, D. *et al.* (1997): "Convergent evolution masks extensive biodiversity among marine coccoid picoplankton", *Biodiversity and Conservation*, 6, pp. 99-107.

Powell, A. (2008): *The Race to Save the World's Rarest Bird. The Discovery and Death of the Po'ouli*, Mechanicsburg, Stackpole Books.

Pratt, H. D. (2005): *The Hawaiian honeycreepers. Drepanidinae*, Oxford, Oxford University Press.

Quijano-Scheggia, S. *et al.* (2010): "*Pseudo-nitzschia* species on the Catalan coast: characterization and contribution to the current knowledge of the distribution of this genus in the Mediterranean Sea", *Scientia Marina*, 74(2), pp. 395-410.

REBMANN, N. y MALKMUS-HUSSEIN, B. (2013): "Une nouvelle espèce de l'île de La Palma", *Cactus & Succulentes*, 5, pp. 36-40.

REDING, D. M. *et al.* (2009): "Convergent evolution of 'creepers' in the Hawaiian honeycreeper radiation", *Biology Letters*, 5, pp. 221-224.

REID, F. A. *et al.* (2010): *The wildlife of Costa Rica. A field guide. Zona Tropical Publication*, Nueva York, Custom Publishing Associates, Cornell University Press.

RICE, M. E. (2015): "Terry L. Erwin: She Had a Black Eye and in Her Arm She Held a Skunk", *American Entomologist*, 61(1), pp. 9-15.

RIESEBERG, L. H. y WILLIS, J. H. (2007): "Plant Speciation", *Science*, 317, pp. 910-914.

RODRÍGUEZ, B. *et al.* (2014): *Los vertebrados terrestres de Teno. Catálogo ilustrado y comentado*, Santa Cruz de Tenerife, GOHNIC.

RODRÍGUEZ FERNÁNDEZ, R. (dir.) (2006): *Parque Nacional del Teide. Guía Geológica*, Madrid, Instituto Geológico y Minero.

ROSENZWEIG, R. F. *et al.* (1994): "Microbial Evolution in a Simple Unstructured Environment: Genetic Differentiation in *Escherichia coli*", *Genetics*, 137, pp. 903-917.

ROSSELLÓ-MORA, R. y AMANN, R. (2015): "Past and future species definitions for Bacteria and Archaea", *Systematic and Applied Microbiology*, 38, pp. 209-216.

ROTHSCHILD, L. W. y PALMER, H. (1893): *The avifauna of Laysan and the neighbouring islands: with a complete history to date of the birds of the Hawaiian possessions*, Londres, R. H. Porter Publisher.

RUBIN, C.-J. *et al.* (2022): "Rapid adaptive radiation of Darwin's finches depends on ancestral genetic modules", *Science Advances*, 8.

RÜDIGER, O. *et al.* (2017): "Unpaid extinction debts for endemic plants and invertebrates as a legacy of habitat loss on oceanic islands", *Diversity and Distributions*, 23 (9).

SÁNCHEZ DE LORENZO-CÁCERES, J. M. (2007): "Plantas suculentas de las islas Canarias", https://lc.cx/lGLmn4.

SAUERBIER, H. *et al.* (2023): *Flora vascular de Canarias*, San Cristobal de La Laguna Publicaciones Turquesa.

SCHMITZ, O. J. *et al.* (2022): "Trophic rewilding can expand natural climate solutions", *Nature Climate Change*, 13, pp. 324-333.

SCHÖNFELDER, P. y SCHÖNFELDER, I. (2018): *Flora canaria. Guía de identificación*, Santa Cruz de Tenerife, Publicaciones Turquesa.

SERVAT, G. P. (2021): "Terry L. Erwin and the race to document biodiversity (1940-2020)", *ZooKeys*, 1044, pp. 3-22.

SINGH, D. *et al.* (2019): "Plant microbiome: A reservoir of novel genes and metabolites", *Plant Gene*, 18.

SLADE, E. M. *et al.* (2019): "When Do More Species Maximize More Ecosystem Services?", *Trends in Plant Science*, 24(9), pp. 790-793.

SOCORRO HERNÁNDEZ, J. S. (2013): *Guía de ascensión al pico del Teide. Teleférico del Teide*, Santa Cruz de Tenerife, Ediciones y Promociones Saquiro.

SOGIN, M. *et al.* (2006): "Microbial diversity in the deep sea and the underexplored 'rare biosphere'", *Proceedings of the National Academy of Sciences of the United States of America*, 103(32), pp. 12115-12120.

STEADMAN, D. W. (1995): "Prehistoric Extinctions of Pacific Island Birds: Biodiversity Meets Zooarchaeology", *Science*, 267, pp. 1123-1131.

STORK, N. E. (2018): "How Many Species of Insects and Other Terrestrial Arthropods Are There on Earth?", *Annual Review of Entomology*, 63, pp. 31-45.

SVENNING, J.-C. *et al.* (2016): "Science for a wilder Anthropocene: Synthesis and future directions for trophic rewilding research", *Proceedings of the National Academy of Sciences of the United States of America*, 113(4), pp. 898-906.

TAKAYAMA, K. *et al.* (2018): "Factors driving adaptive radiation in plants of oceanic islands: a case study from the Juan Fernández Archipelago", *Journal of Plant Research*, 131.

TEIRA, E. *et al.* (2007): "Dynamics of the hydrocarbon-degrading *Cycloclasticus* bacteria during mesocosm-simulated oil spills", *Environmental Microbiology*, 9(10), pp. 2551-2562.

— (2008): "Linkages between bacterioplankton community composition, heterotrophic carbon cycling and environmental conditions in a highly dynamic coastal ecosystem", *Environmental Microbiology*, 10(4), pp. 906-917.

VÅGE, S. y THINGSTAD, T. F. (2015): "Fractal Hypothesis of the Pelagic Microbial Ecosystem: Can Simple Ecological Principles Lead to Self-Similar Complexity in the Pelagic Microbial Food Web?", *Frontiers in Microbiology*, 6.

VALLADARES, F.; CANTERA, X. y ESCUDERO, A. (2022): *La salud planetaria*, Madrid, CSIC-Catarata.

VARGAS, P. y ZARDOYA, R. (dirs.) (2012): *El árbol de la vida: sistemática y evolución de los seres vivos*, Madrid, CSIC.

VV AA (2023): *All the Mammals of the World*, Barcelona, Lynx Edicions.

WALLACE, A. R. (1869 [2014]): *The Malay Archipelago. The Land of the Orang-utan, and the Bird of Paradise*, Londres, Penguin Books.

— (1905): *My Life: A Record of Events and Opinions*, Londres, Chapman & Hall.

WHITE, O. W. *et al.* (2018): "Independent homoploid hybrid speciation events in the Macaronesian endemic genus *Argyranthemum*", *Molecular Ecology*, 27, pp. 4856-4874.

— (2020): "Geographical isolation, habitat shifts and hybridisation in the diversification of the Macaronesian endemic genus *Argyranthemum* (Asteraceae)", *New Phytologist*, 228, pp. 1953-1971.

— (2021): "Recircumscription of the Canary Island endemics *Argyranthemum broussonetii* and *A. callichrysum* (Asteraceae: Anthemideae) based on evolutionary relationships and morphology", *Willdenowia*, 51, pp. 129-139.

WHITTAKER, R. J. y FERNÁNDEZ-PALACIOS, J. M. (2007): *Island Biogeography. Ecology, evolution, and conservation*, Oxford, Oxford University Press.

WOESE, C. R.; KANDLER, O. y WHEELIS, M. L. (1990). "Towards a natural system of organisms: proposal for the domains Archaea, Bacteria, and Eucarya", *Proceedings of the National Academy of Sciences of the United States of America*, 87(12), pp. 4576-4579.

WONG, Y. y ROSINDELL, J. (2020): "Dynamic visualisation of million-tip trees: The OneZoom project", *Methods in Ecology and Evolution*, 13, pp. 303-313.

WU, S. X. (2021): "Obituary. Yuan Longping. (1930-2021). Crop scientist whose high-yield hybrid rice fed billions", *Nature*, 595, p. 26.

YANG, Y. *et al.* (2020): "Recent advances on phylogenomics of gymnosperms and a new classification", *Plant Diversity*, 44(4), pp. 340-350.

YI, R. (2020): "The significance of Yuan Longping's paper 55 years ago", https://lc.cx/mimiAF.

YZENDOORN, R. (1927): *History of the Catholic Mission in the Hawaiian Islands*, Honolulu, Reginald Yzendoorn.

ZIEGLER, A. C. (2002): *Hawaiian natural history, ecology and evolution*, Honolulu, University of Hawaii Press.

ZUCHOWSKI, W. (2007): *Tropical Plants of Costa Rica. A Guide to native and exotic flora, Zona Tropical Publication*, Nueva York, Comstock Publishing Associates.

**Carlos Pedrós-Alió** (Barcelona, 1953) es licenciado en Ciencias Biológicas por la Universidad Autónoma de Barcelona y doctor en Bacteriología por la Universidad de Wisconsin. Desde 2000 es profesor de investigación en el Instituto de Ciencias del Mar de Barcelona (CSIC) y desde 2013 en el Centro Nacional de Biotecnología en Madrid.

Ha sido miembro del comité español de SCAR, del Advisory Committee del Global Census of Marine Microbes y representante de España en el European Polar Board. Ha sido elegido miembro de la American Academy of Microbiology. Su interés científico es entender la diversidad y la ecología de los microorganismos acuáticos utilizando técnicas de genómica y de secuenciación masiva. Otros intereses incluyen la biología de la espiritualidad, las aves, la divulgación, las relaciones entre el arte y la ciencia. Ha publicado cinco libros de divulgación: *Desert d'Aigua* (La Magrana, 2007), *La vida al límite* (CSIC-Catarata, 2013), *Bajo la piel del océano* (Plataforma, 2017), *Las plantas de Atacama* (CSIC-Plataforma, 2021) y *Ciencia o pseudociencia* (Plataforma, 2022).

# Títulos de la colección Divulgación